U0576353

神奇的表面

THE MAGICAL SURFACE

沈一洲　主编

科学出版社

北京

内 容 简 介

本书系统地介绍了当今世界上那些具有特殊功能的表面,它们有些神秘莫测、不可思议,有些又随处可见。通过对超疏水、超润滑、防污渍、耐腐蚀、耐辐射、耐磨、自修复、隔热、防冰、电磁吸收、吸声、光学伪装、抗菌／杀菌、止血等功能性表面进行介绍,能够增强人们对已有"表面"的理解,同时也希望在全人类的努力下,未来能够发现与研制更多利于人类发展的"表面"。

本书可作为大众的科普读物,也可作为相关领域研究人员的参考用书。

图书在版编目(CIP)数据

神奇的表面/沈一洲主编. — 北京:科学出版社,2025. 3. — ISBN 978
-7-03-080523-2

Ⅰ. O647

中国国家版本馆 CIP 数据核字第 2024KJ2718 号

责任编辑:李涪汁 曾佳佳/责任校对:郝璐璐
责任印制:张 伟/封面设计:许 瑞

科学出版社 出版

北京东黄城根北街 16 号
邮政编码:100717
http://www.sciencep.com

北京中科印刷有限公司印刷
科学出版社发行 各地新华书店经销

*

2025 年 3 月第 一 版 开本:720×1000 1/16
2025 年 3 月第一次印刷 印张:11 3/4
字数:236 000

定价:99.00 元
(如有印装质量问题,我社负责调换)

前　言

在宇宙大爆炸初期，粒子与粒子的表面发生碰撞，形成了新的粒子，从此也拉开了宇宙演变的序幕。在 35 亿年前地球的海洋表面，有一群蓝藻惬意地享受着来自太阳的馈赠，它们开始呼吸，改变着地球的大气环境。远古先民拿起手中的木头快速摩擦，点燃木屑，为享受黑夜中的一抹光亮而努力。现在，你触摸到了这本书的表面，也感受到了它的神奇质感。

表面，简单来说就是物体的最外层部分，它是内部结构与外界环境之间的一道屏障。看看你的手掌皮肤表面，它能够将有害物质阻隔在外或是对外界进行感知，但不同的皮肤表面差异巨大：人类的皮肤会被锋利的刀片所割伤，而犀牛的皮肤能够在猛兽的冲击下"毫发无损"，还有能承受 800 伏特电压的电鳗皮肤和会伪装的变色蜥蜴的皮肤，等等，这些皮肤表面的"神秘面纱"已经逐渐被揭开。

人类对表面世界进行正式"访问"还得追溯到 18 世纪，为了契合当时快速发展的科学技术，有关"表面"的科学探索开始被逐步重视。21 世纪的我们仍然需要设计并制造更神奇的表面来应对社会的飞速发展，诸如航空航天这样新兴同时又极端重要的领域，对于材料的防 / 除冰性能、耐高 / 低温性能、耐老化和耐腐蚀性能又提出了极高的要求。因此，如何构建我们需要的材料表面变得尤为重要。

2020 年，《自然》杂志发表了题为"它开辟了一个全新的宇宙：革命性的显微镜技术首次观察到单个原子"的文章，这是人类首次观察到了单个的原子，也是冷冻电镜技术又一次革命性的发现。所有的表面在微观尺度上都是由原子或者分子构成的，而类似于冷冻电镜这样的高精尖设备为我们探索表面的世界照亮了前进的方向，让我们拥有了对表面更加深刻的认识。这些不同种类的原子和分子以及它们的空间排列，形成了各式各样表面的最基本结构，而我们的任务正是探索形成这些神奇表面的秘密。表面连接着世间万物，同时也千姿百态，它们有些能耐受极寒，有些能与火焰直接对抗，有些会让你"站不住脚"，有些坚如磐石，它们如此神奇，但又是什么原因让它们变得如此神奇呢？这本书也许会带你找到答案！

本书共分七章。第 1 章概述一些自然界表面的自清洁现象及其涉及的理论基础，同时介绍了有关特殊润湿性表面的研究进展等。第 2 章首先介绍各种常见的被腐蚀的表面，引出防腐蚀表面的重要性，再介绍各类防腐蚀表面的防腐机制与进展；另外，还将介绍各类耐辐射表面。第 3 章基于耐久表面的构建方法，重点介绍耐磨、抗冲击、自修复表面的应用与前沿研究。第 4 章重点讨论表面与温度之间存在的联系，并在此基础上研究表面隔热、防火、防冰等性能的作用机理。第 5 章从自然界那些具有吸波能力的表面中学习，探讨具有吸收各种电磁波、光学伪装、隔音等功能的特殊表面。第 6 章主要介绍那些能够抗菌 / 杀菌的表面以及具有止血功能的表面。第 7 章列出了催化表面、光电转换表面、光热转化表面、超表面等各种前沿科学中涉及的表面，并对未来表面的发展进行了展望。

编者收集了来自自然界与日常活动中的一些具有特殊性能的表面，用朴实易懂的语言解释了这些表面形成的原因，并列举了近年来这些表面的研究进展。本书不仅可作为面向大众的科普读物，还可作为该领域研究人员的参考用书。人类对于表面的探索永无止境，我们将根据表面科学研究成果，不断地更新和完善本书内容，以帮助读者进一步了解该领域的技术发展情况。

由于编者理论水平和知识有限，书中难免存在疏漏或不妥之处，恳请读者批评指正。

编 者

2024 年 12 月

目　录

1.1 超疏水表面

1.1.1 自然界的"轻功"

▶▶ **1. 水黾与鸭子**

目前地球上已知的动物大约有 150 万种，我们在生活中会遇到许多有趣的动物，它们为了生存和繁衍，习得了各式各样的"江湖绝技"，如长颈鹿的"铁头功"、猴子的"飞檐走壁"、穿山甲的"铁布衫"，等等。我们对这些"武林高手"的"江湖绝技"已经进行了初步了解，我们也希望将这些"绝技"应用到日常生活和科技发展当中。因此，对这些"绝技"背后科学原理的探索也越来越重要。首先，在这里为大家介绍两名"轻功"高手：水黾与鸭子！

夏秋季的时候，我们或许会注意到许多像蚊子一样的小虫子漂在河面或是小区人工湖的水面上，它们通常聚在一起，行动也很迅速。"卖香油的""水拖车""水蚊""水蜘蛛"都是人们对它的称呼，这种虫子的学名叫做水黾（图 1-1 左），身体长度通常在 1 ~ 2 厘米之间，体重也就几十毫克。它们的单眼在进化过程中逐渐退化，但发达的复眼能保证其生存，当感知到有生物掉落水中时，水黾会以极快的速度（1.5 米 / 秒）赶到附近，等落水的"食物"不再挣扎后，水黾就会把呈管状的嘴插进"食物"内部吸食营养成分。水黾之所以能以这么快的速度在水面行走，原因是它的中足和后足又细又长，后足部分分布着结构特殊的刚毛，与其接触的那部分水面会托住整个身体，减少水黾与水面的接触，中足部分用来划水和跳跃，后足辅助中足形成在水面上滑行的移动方式，水黾的"轻功水上漂"也由此而来。

从影视作品中的卡通形象、填充鸭绒的衣物到餐桌上的鸭肉，鸭子可以说是我们生活中非常熟悉的一种动物。鸭子属于陆生动物，但它们喜欢在水中嬉戏（图 1-1 右），捕食小鱼、昆虫等，而且游动速度可以超过一些鱼类。鸭子具有这么快的游动速度，主要是因为它们具有蹼状的脚，增大了与水的接触面积，使得鸭子单次划水能够将身体推动得更远；同时，鸭子的尾部有一个不断分泌出油脂的尾脂腺，鸭子会将头先贴近尾脂腺的位置，用头部羽毛蘸取一部分油脂，再擦拭到全身的羽毛上。油脂覆盖在羽毛表面，既能减少羽毛与水的摩擦，提高鸭子的游泳速度，同时也能起到自清洁的作用，使羽毛长时间保持洁净的状态。

水黾的足部与鸭子的羽毛赋予了它们独特的运动方式，那人类是否可以像水鼋一样轻盈地站在水面，或是像鸭子一样在水面滑行呢？让我们借助科技的力量探索水鼋与鸭子成为"武林高手"的奥秘[1]。

图 1-1　水鼋与鸭子在水面上的状态

▶▶ **2. 如何练就"轻功水上漂"**

　　水鼋能够毫不费力地站立在水面并快速移动，在过去的很长一段时间里，都被认为是水鼋腿部分泌的类蜡物质引起的表面张力效应。生活中我们所见到的一些现象，如毛细管吸取液体、呈圆形的水滴、吹出的圆形肥皂泡泡、水可以溢出水杯面而不流下等都是由表面张力引起。液体的表面张力来源于液体与气体或固体表面接触所产生的拉力，这个力会阻止液体表面积的增大（表面张力相关介绍见本书 1.1.2 节）。水鼋腿部覆盖着大量具有纳米沟槽的定向微刚毛（图 1-2），在与水面接触时，沟槽内的空气使得水鼋腿部表面张力非常低，难以被水润湿（润湿与接触角相关介绍见本书 1.1.2 节），存在水面对水鼋腿部的支撑力，水鼋也因此具备了"水上漂"的能力。

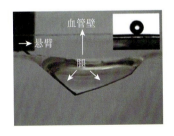

图 1-2　水鼋腿部的微结构图（由光学显微镜和场发射扫描电子显微镜拍摄）

鸭子在水中的游泳速度快，不仅仅是因为其羽毛表面覆盖了一层油脂，减小水与羽毛的接触面积，导致鸭子游泳时水的阻力降低，还因为它们的羽毛结构与水黾的腿部类似，都是由微米级的小枝构成，这些微米结构中存在纳米级的六边形棒状阵列分布（图1-3）。当鸭子从水中上岸后，我们会发现它们的羽毛并不湿润，也不会沾染水中的污渍。这种特性不仅归功于羽毛表面的油脂层，也与羽毛中的微纳米结构密不可分，它们使得鸭子凭借羽毛能够轻易浮在水面，且难以被水润湿，从而保持干燥。

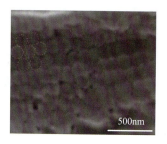

图1-3　鸭子羽毛的微结构图（由光学显微镜和场发射扫描电子显微镜拍摄）

这些表面结构赋予了水黾与鸭子"轻功水上漂"的能力，而人们对这些结构进行了大量的仿制与改进，制备了类似功能的表面。

清华大学的石高全团队[2]制备了涂覆有微/纳米纤维涂层的铜丝，将这些铜丝加工成的铜柱作为仿水黾装置的腿部（图1-4），经过测试得到仿水黾装置的每条腿在水面上的支撑力大约为83达因（力学单位，使质量为1克的物体产生1厘米/秒²的加速度的力），与水黾腿部的支撑力相当。吉林大学的张希团队[3, 4]通过对比仿水黾腿部超疏水金纳米线结构与疏水金纳米线结构的支撑力，发现水黾腿部的超疏水结构能够支撑约自身60倍的重量，远远大于水黾漂浮在水面所需的最小支撑力，即使水黾腿处于疏水状态也能支撑起自身

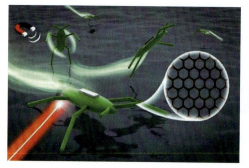

图1-4　仿水黾微型机器人与仿水黾结构表面微结构[2, 5]

约 35 倍的重量。以上工作可以帮助我们理解为什么水黾可以漂浮、快速游动，甚至在水上跳跃，也为仿生减阻和快速推进技术开辟了新的应用途径。也许某一天我们也能自由地在水上行走，又或是探索地球上广袤无垠的海洋世界。2021 年中科院沈阳自动化所[5]设计并制造的仿水黾微型机器人，可在红外光与磁场的联合驱动下实现可编程运动，能在水面快速游动、跳跃、翻滚，在 AI（人工智能）技术井喷式发展的时代，这种以假乱真的"水黾机器人"又会在哪些地方大放异彩呢？

1.1.2 "金鸡独立"的水滴

不仅动物有"水上漂"的轻功，水滴自己其实也能"金鸡独立"。水滴的"金鸡独立"其实就是水滴仅有一小部分接触固体表面。说到这里，就不得不提固体表面的润湿性能与固体表面的各液体接触角。

润湿，通俗来说就是液体将一个物体打湿。润湿能力越强就意味着液体在固体表面越容易发生铺展或铺展的倾向性越高，而润湿能力越弱就说明液体越难在固体表面铺展开来，甚至自身会发生收缩。比如，将一杯水倒在普通玻璃桌面上，水会很快地散开，此时水能够润湿玻璃表面，说明水对玻璃的润湿性能较好；而将水倒在涂有石蜡的红木家具上会呈现"山包"形态的大水珠，说明水对涂有石蜡的红木家具表面润湿性能较差。那么一种液体在固体表面的润湿性能又是由什么来决定的呢？

如果你的身边有一只水杯，可以尝试着向其中注水，当水快要溢出时，继续缓慢地加水，最终水会在杯口微微凸出形成一个弧面而不溢出，这一现象正是表面张力引起的。表面张力作为力的一种，必然也拥有力的三要素：大小、方向、作用点，它的方向为液面切线方向，而液面上无数个点都是表面张力的作用点，力的大小由液体本身决定。全部液体的表面张力就是液面上每个点表面张力的合力，最终使得液体呈向表面积最小的球形进行收缩的趋势。吹出的肥皂泡呈完美球形、毛细管中液体的上升和下降、树叶漂浮在水面上、中性水性笔的出墨过程等，都与表面张力有关。

当液体在固体表面时，液 - 气界面表面张力和固 - 液界面表面张力的夹角被称为接触角，接触角能够反映液体在该固体表面的润湿性能，接触角越大，说明液体对该固体表面的润湿性越差，反之越好。1805 年英国科学家托马斯·杨提出[6]，液体在平坦光滑表面的接触角可用方程 $\gamma_{sg}-\gamma_{sl}=\gamma_{lg}\cdot\cos\theta$ 来表达（这一方程也被称为 Young 方程），现如今几乎所有关于润湿性的基础研究都离不开 Young 方程。当水在固体表面的接触角 θ 趋近于 0°（图 1-5），表示水能完全润湿该固体表面，处于超亲水状态；当接触角 10° < θ < 90°，表示水可润湿固体表

面，处于亲水状态；当接触角 $90° \leqslant \theta < 150°$，表示水不可润湿固体表面，处于疏水状态；当接触角 $\theta \geqslant 150°$，则表示水完全不可润湿固体表面，处于超疏水状态。

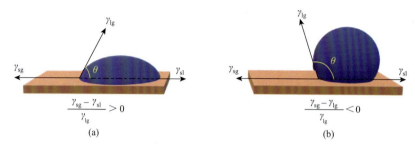

图 1-5　表面张力与接触角示意图

　　但是，目前所有的宏观固体表面都不能做到完全的平整光滑，因此，Young 方程也被称为理想固体表面的液体接触角表达方程。实际的表面都存在一个粗糙度，使得液滴在固体表面的润湿状态不同于按照 Young 方程所推断出的结果。因此，液滴在固体表面的 Wenzel 状态和 Cassie-Baxter 状态被提出。简单来说，Wenzel 状态中的液滴下端会完全与固体表面粗糙结构相嵌合（图 1-6 左），液 - 固接触面积更大，而 Cassie-Baxter 状态中的液滴下端仅有一部分与固体表面粗糙结构相嵌合，液 - 气界面仍存在（图 1-6 右）。这两种有关液体在粗糙固体表面的状态，使得人们对润湿有了进一步的了解，也正是因为粗糙度的存在，水滴的"金鸡独立"才成为可能。

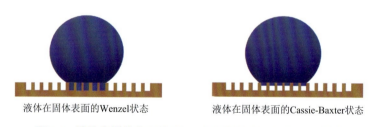

液体在固体表面的Wenzel状态　　　　　　液体在固体表面的Cassie-Baxter状态

图 1-6　液体在固体表面的 Wenzel 状态和 Cassie-Baxter 状态

▶▶ 1. 亭亭玉立的荷叶

　　很多的科普书或教材在介绍荷叶时总会提到《爱莲说》中的"出淤泥而不染"，而直到 20 世纪 70 年代荷叶"出淤泥而不染"的秘密才真正被揭开。

　　"荷"包含荷叶与荷花，它们彼此共同依托生长，荷最早出现在约一亿年前，当时的它作为被子植物的代表与称霸地球的蕨类植物抗争，成为少数存活下来的被子植物之一。从原始人类发现它的野果和根节（莲子和藕）可以食用，到荷叶效应（图 1-7）的应用，作为植物界"活化石"的荷一直广受人

图1-7 荷叶与它表面的水珠

类的关注。1977年德国波恩大学的Barthlott和Neinhuis认为荷叶效应是由于其表面包覆有蜡质的微米乳突结构，这种结构使得荷叶表面的水接触角大于150°并且具有一定的自清洁能力。2002年江雷院士等[7]提出荷叶表面的微米乳突结构上可能存在更小一级的纳米结构，阻碍了水对表面的润湿过程。荷叶表面结构的秘密逐渐被揭开，近年来类似于荷叶结构的表面也受到了广泛关注。

你是否想拥有一件不沾水、不沾污渍的衣服？2014年，澳大利亚的服装公司Threadsmiths推出了一种仿荷叶的超疏水T恤（图1-8）。研发人员采用纳米喷涂技术对纤维进行了改性，使其拥有超疏水性能，由其制成的T恤将拥有荷叶般自清洁效果，即使被泼溅上脏水也能洁

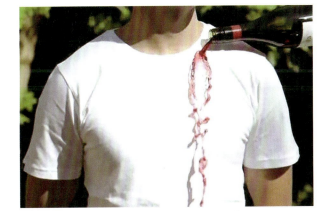

图1-8 葡萄酒倒在超疏水衣物上

净如初。美国橡树岭国家实验室与韩国三星电子共同研发了透明的超疏水薄膜技术，将这种薄膜应用于智能手机、平板电脑或其他设备的显示屏，能极大地改善屏幕附着灰尘、水渍以及指纹的问题。如果你的手机屏不容易沾染上指纹或是脏东西，那就说明它是一款优秀的耐沾污手机屏，具有疏水或者疏油性能。但不管

是 T 恤还是手机屏幕，仿荷叶表面最大的问题就是耐久性不佳，T 恤洗几次后疏水效果就会打折扣，手机屏幕用手划的次数多了就开始沾上污渍。其中的原因就是表面这些赋予特殊性能的微结构消失了，所以超疏水材料在我们生活中的使用其实并不广泛。

想象一下使用纸巾去擦拭这些粗糙的表面，表面结构中粗糙的"峰"位置在摩擦过程中更容易产生应力集中，直到粗糙表面最终被摩擦成为具有结构缺陷的表面。此时液体在固体表面的接触角会因为粗糙度的改变而减小，这些表面的超疏水性能会因此消失，自清洁能力也随之变弱。为了提高超疏水表面的耐久度，科研人员从耐久机制出发，设计并构建了多种结构的超疏水表面。

仿荷叶自清洁玻璃已经被应用到了某些高楼大厦，这些玻璃的光学性能好，在下雨天也不会影响采光，玻璃上的灰尘还会随雨水一同被冲刷掉。在新房装修的过程中，通常会使用防水漆对厨房、浴室进行处理，以免水进入墙体引起漏水，同样的，刷涂在墙面的防水乳胶漆也可以避免水的附着，让墙面不会出现发黄、开裂等问题。

仿荷叶超疏水表面不仅与家居、装饰等有关，与我们的饮食也有关系。炒菜是中国饮食文化中的一块瑰宝，而炒菜必定离不开炒锅。食品原料中含有的淀粉、蛋白质等在温度较高时，会快速脱水、焦化和凝固，粘在炒锅表面，不仅影响菜品的口味和外观，也很难清除。传统不粘锅通常使用聚合物基涂层来赋予锅内表面不粘的特性，这些涂层在一定次数的加热或锅铲摩擦后，会脱落，导致锅具的不粘性能大大下降。某著名厨具品牌推出荷叶仿生耐久不粘锅（图 1-9），该不粘锅通过物理方法在炒锅表面构建微纳米结构，金属锅铲、钢丝球的摩擦都不会影响其不粘性能 [8-11]。

图 1-9　耐久不粘锅

▶▶ **2. 迷人的玫瑰**

雨后，如果你仔细地去观察玫瑰花瓣表面的水珠，会发现它们虽然圆滚滚的，但会一直黏附在花瓣上，哪怕将花瓣倒置也不会掉落（图 1-10），这一现象引起了科研工作者的兴趣。

通过对玫瑰花瓣表面微结构的研究，科研人员发现了这一现象的秘密。玫瑰花表面虽然也具备超疏水特性，但原理与出淤泥而不染的荷叶有所不同，玫瑰花瓣表面由于微观纳米结构的不同，在超疏水性能保留的情况下具有使水滴黏附且不滑落的特征，生物学家称这一现象为"花瓣效应"。

哪些领域可能会用到"花瓣效应"呢？既然能将液滴稳定地黏附在表面，那么在微液滴的操控和吸附方面就能大显身手了。微液滴的操控和吸附主要应用在生物医药和微电子领域，可以操控含有某种酶、抗体、特定细胞的液体或是刻蚀液，将它们精确投送到需要的位置和环境中。

图 1-10　玫瑰花表面的水滴状态

湖南大学王兆龙团队[12]使用 3D 打印技术制备了具有微纳米结构的超疏水表面，该表面同时具有花瓣效应，能够将微滴进行定向转移或可控融合，可作为多种微液滴的反应平台，类似于一个微型的化学反应釜，不仅反应结果准确、现象明显，也更加安全、方便，减少了可能产生的环境污染。国防科技大学吴文健团队也构建了超疏水乳突阵列，实现了微液滴在不同疏水表面的定向转移，此外，该表面也能作为微反应平台。这些研究有助于人们探索化学反应的热过程、反应速率等。在医学领域中，"花瓣效应"可用于构建微型生物医用芯片或是制备一些医用器件。中国科学院深圳先进技术研究院的研究团队制备了仿玫瑰花瓣表面微锥阵列结构的神经接口器件，活体试验结果表明该器件能显著促进神经元突触的黏附，以及周期性神经元网络构建。玫瑰花瓣的独特结构不仅为它带来强大的水黏附力，其高比表面积也能应用在能源收集领域。德国卡尔斯鲁厄理工学院的研究人员利用仿玫瑰花瓣表面纹理结构制备的薄膜材料能显著提高太阳能电池的能量转换效率，其原因是这类结构能吸收更多的光线。青岛科技大学张建明团队构建了仿玫瑰花表面的石墨烯孔壁结构，高比表面积显著提高了其光热转化能力，为人类高效利用太阳能提供了新的思路。

假如有一些液滴排成一列并黏附在具有"花瓣效应"的表面（图 1-11），然后在某种驱动力下，这个表面变为对水滴无黏附效果的"荷叶效应"，液滴便随之落至指定的位置形成一条"小溪流"，这条"小溪流"或许可以用于导电、运输、刻蚀等，那么这种表面可就神奇了！吉林大学任露泉团队[13]以形

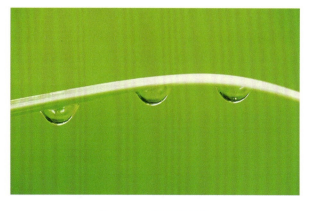

图 1-11   "花瓣效应"

状记忆聚氨酯为基体，制备出了仿生微阵列表面，其形状记忆功能可以实现对材料表面形貌的调控，进一步使得材料表面的性能发生变化，而切换"花瓣效应"与"荷叶效应"的"开关"就是加热！只需简单加热材料表面就会从表现为"花瓣效应"的高黏附态转变为"荷叶效应"状态，此时的液滴随即开始运动。

▶▶ 3. 致敬水稻

　　说到水稻，不免想起了袁隆平先生的"禾下乘凉梦"！起源于万年前的水稻，不仅是中国人餐桌上的主食，更是中华文明的根基。而随着一代代科研工作者的辛勤付出，水稻不仅解决了人民的吃饭问题，其叶片表面独特的微观结构也给了人们很多启发。

　　在对水稻进行灌溉或是喷洒农药除虫时，你也许会注意到聚集的液滴只会沿着叶脉方向流动，粗看水稻叶的表面，会发现存在沿叶片纵向叶脉方向整齐排列的条状凹槽（图 1-12）。这种液滴的定向流动归因于水稻叶片表面有序的微纳米层级结构。平行于叶脉方向的微米乳突排列规整，类似于公路上每隔几米设置的路障，而在垂直叶脉方向上的微米乳突呈现无规则状态。

　　如果在一条没有车道限制的笔直马路上，车可以肆意地往返，那么这条路很容易发生堵车，而且在没有外力介入的情况下很难疏通。但是如果这条笔直的马路成为单行道，汽车便能顺畅地朝一个方向行进。而液体定向运输就是为了快速地将液体输送到指定位置，当前对于液体的定向运输应用领域的定位主要是油水分离、药物运输、液体收集等。在日常生活中常见的换热／散热装置也借鉴了水稻表面。随着现代计算机的不断更新换代，软件所需运行内存或显示内存不断增大，处理器、内存条、显卡的相应运行功率也增大，产生的热量也随之增加。目前，市场上的大多数换热器采用传统的金属换热片，再通过风扇的气流带走热量从而达到散热的目的。当产热增多时，传统散热装置的传热速率已经不能满足各发热硬件的冷却需求了。对换热器的换热壁进行改性并引入仿水稻叶片结构，就能增强其换热性能，因为热流将能更有序地从换热器中传导出来实现散热。不仅如此，这种定向运输能力在化工、食品行业中也能大

图 1-12　水稻叶表面的水滴状态

展身手。常见的化工或是食品液体原料一般会通过机械泵等方法进行运输，方便连续加工制造，如果能利用表面能梯度和微结构增大液体的运输距离，或者降低通道内液体运输过程中的能量损耗，将可有效提升液体输送的效率并实现节能减排[14]。

▷▷ ④ 绚丽的蝴蝶

　　蝴蝶从哪里来？想必大家心底都会有一个答案。17 世纪人们为各物种起源的问题争论不休，很多人认为一些生命来自无生命物体，比如蛆来源于腐肉、蝴蝶从带花的泥地里凭空出现。这些想法放到现代社会或许很可笑，但当时没有长时间的监测方法，以至于这些生物的来源难以被发现。直到野外生态学家玛丽亚·西比拉·梅里安（Merian）对毛毛虫进行长时间观察，才发现了"虫结茧—茧成蝶—蝶产卵—卵成虫"的循环，同时她也手绘了许多自然界动植物的插图，解释了许多生命的循环往复现象。她后期的研究也为自然科学家亚历山大·冯·洪堡和达尔文开辟了探索的道路，为了纪念这位伟大的生态学家，德国 1992 年发行的 500 马克纸币便印上了 Merian 的肖像。

　　毛毛虫激发了 Merian 对美好事物的追求，也揭示了蝴蝶起源的秘密，而在很长一段时间里，人们只观察到蝴蝶的美丽，却忽略了它的神奇之处！蝴蝶在下雨时会利用一些植物避雨，但雨水仍免不了溅到它脆弱的翅膀上，一滴几

图 1-13　雨后的蝴蝶

十毫克的雨点滴在约 500 毫克的蝴蝶身上，就相当于一个小西瓜砸到我们身上。而一旦天晴蝴蝶便能立马进行飞行，因为雨滴并不会影响蝴蝶，它的翅膀也拥有"荷叶效应"（图 1-13）。雨滴在接触到蝴蝶翅膀表面后，会很快地滑落，并带走一些灰尘或污渍，使蝴蝶翅膀长时间保持清洁，有利于蝴蝶的飞行。

美国康奈尔大学的 Sunghwan Jung 使用高速摄影机记录了水滴落在蝴蝶翅膀上的过程。蝴蝶翅膀表面存在整齐排列的鳞片状微结构，在微米级鳞片上存在亚微米级纵肋和隆脊，以及纳米级的凸起，这种结构在水滴与翅膀表面形成了空气膜层，使水滴与翅膀表面不能充分接触，进而无法润湿蝴蝶翅膀。但鳞片状多级微结构在蝴蝶翅膀上呈各向异性，即不同方向上的润湿性能不同，蝴蝶翅膀的倾斜角度决定了滴在蝴蝶身上水滴的状态（图 1-14）。研究人员模仿蝴蝶翅膀的表面结构，制备了各式各样的超疏水表面，这些表面绝大多数以防水为主要目的。但除了防水，蝴蝶翅膀还具有其他特殊功能。

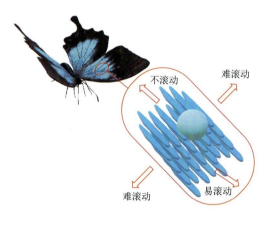

不滚动　难滚动

难滚动　易滚动

图 1-14　蝴蝶身上的倾斜水滴

超黑蝴蝶翅膀具有超疏水和自支撑性，还能感知天气的变化并做出相应的反应。中国科学院宁波材料技术与工程研究所的陈涛从超黑蝴蝶翅膀中得到启发，开发了一种能够进行天气监测及水下传感与救援的柔性传感器。当然，我们可不能忽略蝴蝶引以为傲的美丽。为什么蝴蝶的翅膀会那样多姿多彩？这是因为蝴蝶翅膀表面的鳞粉整齐地沿着微结构排列，在光线照射下会选择性反射出不同鳞粉组合起来的颜色，就像一个天然的发光二极管。所以我们可不能小瞧了这些生物，也许我们人类应该像一群学生，好好学习这些来自大自然的知识。

▶ **5.** 自力更生的沙漠甲虫

提到沙漠，人们通常会想到干旱，以及极大的昼夜温差导致动植物很难生存。但吉诺·塞格雷在《迷人的温度》一书中解答了人类在气温超过 54 摄氏度的撒哈拉沙漠中为什么可以存活。书中指出，在 15 ～ 17 摄氏度的环境中，一个成年人只坐在树下扇扇风，温度差异导致的蒸发也会使他在一天内流失 7.6 升的体液，而沙漠里湿度通常低至 2%，散失的水该从哪里补充？人类当然可以随身携带水资源来保证自己在沙漠中存活下去，那沙漠里的其他植物和动物该怎么办？

沙漠甲虫教你在沙漠里收集水！沙漠甲虫的背部表面由许许多多的"山脊"构成，"山脊"之间又形成了许多"山谷"，而神奇之处便在于它的"山脊"光滑且亲水，"山谷"中有许多覆盖着蜡状外衣的球状物，形成类似于荷叶的防水层。当夜晚气温下降，沙漠甲虫们的体温也随之降低，它们会把头埋入沙土中休息，等待空气中的微小水珠聚集在体表的"山脊"上，然后沿着防水的"山谷"流入自己口中（图 1-15）。这样它们不仅得到了休息，还能喝到水，并顺便给自己洗了个澡，真是一举多得呀！

图 1-15　会"集水"的沙漠甲虫

关于仿沙漠甲虫表面，应用最多的应该就是集雾了。集雾，说白了就是收集空气中的水蒸气。2011 年澳大利亚设计师爱德华·利纳克尔发明了一种雾滴采集系统，用于在干燥的沙漠中收集水汽，灌溉一些不耐旱的植物，或是收集淡水以供饮用。这种雾滴采集系统已经被应用于南美洲的阿塔卡马沙漠，每平方米网面每天大约能获得几升水，在湿度较大时甚至可以超过 10 升。

现在，越来越多的科学家加入了"向大气寻求淡水"的行列。在全球水资源中，淡水资源占 2.5%，但可利用的淡水资源仅占其中的 0.4% 左右。最常用的淡水获得方法是海水脱盐，但其对能源的消耗以及地理位置的依赖限制了应用。地球的大气中含有大量的淡水资源，可以通过各类雾气集水装置来进行收集。而为了提高仿沙漠甲虫集水装置的集水效率，需要去调控亲 / 疏水部分的形貌、亲 / 疏水位点的比例、亲 / 疏水位点的润湿 / 非润湿程度等。东南大学的张友法团队[15]受沙漠甲虫和仙人掌结构的启发，在超疏水表面构建了具有楔形阵列硅柱的结构，该表面每小时每平方米集水量可达到 11.9 千克。福州大学赖跃坤团队[16, 17]设计了新型的集雾装置，先使用简单的编织方法获得织物，然后在织物表面沉积铜颗粒，制备了超疏水 - 超亲水性图案织物，这种装置在每小时内每平方米集水量达到 14.3 千克。华中科技大学瞿金平团队[18]将聚丙烯 / 石墨烯纳米片薄膜用于水雾收集，该集雾薄膜在多种外部因素（如盐、酸 / 碱溶液和高温）干扰下均能保持稳定的雾收集效率，每小时每平方米的最高集水量仍能达到 12.5 千克。这些仿沙漠甲虫表面的结构虽然不是最佳的淡水收集方式，但不失为获得稀缺淡水资源的一种途径。

沙漠甲虫表面除了用于集水，也可以进行液体运输、离子过滤和水汽阻隔等。因为不同液体雾气触碰到膜表面时会首先接触亲水部分，从而稳定附着在膜表面上，当液体聚集得越来越多，重力或其他作用力将其推向疏水部分，这些液体就会沿着疏水部分滑动，从而达到液体运输的效果（图 1-16）。

在自然界中拥有集雾能力的可不止沙漠甲虫一种，坚韧的仙人掌、韧性极强的蜘蛛丝以及生活在新西兰的小真菌虫体内都有一定的集雾能力。它们不仅能启发人类在仿生领域的研究，也能够使集雾表面从实验室研究真正地走向市场，希望有一天我们人类再也不会因为淡水资源匮乏而发愁[19, 20]。

图 1-16　仿沙漠甲虫表面微结构阵列[15]

1.1.3　构筑宏伟的微纳米世界

▶▶ **1.** 疏水疏油两不误

从 Young 方程中我们可以得知，水在常见固体表面接触角较大的原因是水的表面张力较大（72.8 毫牛/米），而一般固体的表面张力（玻璃：72 毫牛/米；木头：45 ~ 55 毫牛/米；石块：47 毫牛/米；陶瓷：61 毫牛/米）低于水的表面张力。如果将水换成表面能较低的油性液体，那么液体将会在这些常见表面上发生铺展，例如食用油会在锅中慢慢摊开。油是我们生活中的必需品，但动物油、植物油、矿物油，甚至是油性溶剂等都容易在表面附着，仅使用水难以清洗。当你工作了一天拖着疲惫的身躯回到家，准备为自己或家人做上一桌香喷喷的饭菜，却发现昨天使用过的灶台上布满油渍时，可能会瞬间失去做饭的兴致。那么，有没有一种能使油像水滴在荷叶上滚动的表面呢？

既疏水又疏油的表面最早是在 2000 年被发现的。Badyal 团队利用氧等离子体和等离子体聚合的方式，对聚四氟乙烯表面进行处理，得到了水与正癸烷接触角均大于 90° 的表面（图 1-17）[21]。同年，江雷课题组也提出了"超双疏"的概念，所制备的氟硅烷改性阵列碳纳米管膜，水接触角达到 171°，

图 1-17　超双疏涂层表面的液滴

植物油接触角达到 161°。这也是世界上首次制备得到水和油接触角均在 160° 以上的表面[22]。

随后，越来越多的科研人员加入了这一研究行列，因为超双疏表面的应用领域比超疏水表面更广。超双疏的输油管道内壁能够减少油的黏附，使原油在运输过程中不易发生堵塞。双疏材料制成的厨房台面不易被油烟聚集形成的油渍弄脏，到处飞溅的食用油也可以被简单清理掉。超双疏表面在生物医学、微电子、表面防护等领域同样也能大放异彩。韩国科学技术院的 Eunseong Yi 团队[23]制备了具有生物相容性的多孔含氟聚合物膜，可用于制造血液氧合的生物医学气体交换膜，如体外膜肺氧合器（ECMO，体外呼吸机）。这种聚合物膜的水、血液、

十六烷接触角均超过 150°，不仅具有抗污能力，在血氧性能上也极具竞争力。西安科技大学的何金梅团队[24] 使用氟硅烷、有序阵列聚吡咯、碳纳米管、二氧化硅构建了超双疏表面，该表面具有电磁屏蔽效应和良好的耐久性能，可应用于极端环境下的微电子材料。

表面防护技术就像防晒霜或是润肤乳，保护皮肤免受紫外线的伤害或是减少皮肤水分流失。从保护厨房柜体、电器等不受油渍影响，到对文物进行保护，超双疏表面能在基底材料与外界环境间建立起一道屏障。但超双疏表面由于结构粗糙，很容易被机械力磨损，性能变差。因此，为了让超双疏表面真正应用于人类的工作与生活，其耐久性的提高还有待进一步研究。

海绵、气凝胶、纤维、纸张等表面都能被赋予超双疏性能，进而制成自清洁墙体、宇航服内里、储能材料、普通衣物等。土耳其的 Nasiol 纳米涂料公司以各类改性二氧化硅为原料制备出超双疏的涂层等，将它们喷在汽车内外饰、光伏板上，污渍将难以黏附，汽车会更加干净整洁，光伏板也不会因为沙尘的堆积而影响性能。如果有一天我们能穿上具有超双疏特性的外套，就不用担心下雨天没拿雨伞被淋成落汤鸡，或是吃饭时油污弄脏衣服了！

▶▶ **2. 反其道而行之**

冬天，汽车内外温差较大，车内空气中的水分子接触到温度较低的玻璃时会形成小水珠，造成光线折射，影响视线，威胁行车安全（图 1-18）。我们日常佩戴的眼镜起雾也很麻烦。如果将这些玻璃和镜片换成前面提到的超疏水表面，结果会如何？空气中的小水珠直径一般在纳米级别，而超疏水表面的微结构可能会大于小水珠的直径，一旦小水珠进入微结构中，我们就会发现超疏水表面形成了一层雾，这意味着超疏水表面不能起到防雾的效果。每年汽车挡风玻璃或后视镜起雾造成的交通事故不在少数，那我们该如何避免雾气对我们造成影响呢？

图 1-18　汽车车窗上的雾气可能影响行车安全

"反其道而行之"出自《史记·淮阴侯列传》，意思是采取与对方相反的办法行事。如果使附着在表面的小水滴铺展开来形成水膜，是否就能不影响光线透过了？而使水滴铺展的方法便是构建超亲水表面，当水在表面的接触角趋向于 0° 时便可以达到这种效果。

蚕丝（图 1-19 左上）是一种天然纤维，也是人类最早利用的动物纤维。蚕丝表面具有自然界少有的超亲水特性，这使得蚕丝制成的衣物具有极好的吸收皮肤排泄物的效果，穿着它的人能够长时间感受到清爽。

Janus（图 1-19 右）是罗马人的门神和保护神，具有前后两副面孔，因此也被称为"双面神"。自然中的荷叶也有两副面孔，上表面与水滴"势不两立"，下表面却与水滴"如胶似漆"。在 1.1.2 节介绍了荷叶表面具有超疏水现象，而荷叶下表面（图 1-19 左下），它竟然呈现超亲水性质！

图 1-19　蚕茧；荷叶背面；"双面神"Janus

通过研究这些自然界的表面可以发现，当表面的蜡状物质消失，但结构仍然保持多级的微/纳米结构，即可达到超亲水状态。卢森堡科技学院的 Jean-Baptiste Chemin 合成了锐钛矿 TiO_2/SiO_2 纳米复合涂层，其水接触角小于 5°，应用在汽车玻璃、太阳能板上时有较好的防雾性能，在表面会形成雾膜的外界条件下，仍能保持高可视度。香港理工大学的杨洪兴团队引入超亲水链段对各种表面进行改性，得到的静态接触角均小于 5°，提高了太阳能光伏电池板表面的自清洁性能。在这个新能源迸发的时代，能源利用率其实非常重要，这些看似不起眼的研究能极大地提高单位面积光伏阵列的发电效率，并延长光伏电板的使用寿命[25]。广州希森美克联合华东师范大学重庆研究院等已经将一部分光伏电板自清洁涂料进行了实际应用，且达到了预期效果。

▶▶ **3.** 有智慧的自清洁表面

在 17 世纪，法国医生 Jean Rey 曾说道："自然界以其不可思议的智慧在这里设置了它所决定的无法逾越的界限。"自然界的智慧不可估量，它带来了人类所认知的公理、定理、常识与自然现象。这些我们所知的条条框框都来源于自然界，那我们该如何从自然界中学习那些我们所需的智慧呢？

模仿！模仿！模仿！

很多自然界的事物我们都能够拿来借鉴然后改造，就像下文要提及的外界条件响应型自清洁表面，它借鉴了自然界中普遍存在的"响应机制"。

外界气温过高会导致人体散热系统的启动，汗腺开始大量排汗，皮肤表层的血管也扩张以增强散热效果（图 1-20 右上）；鸭子会潜到水里，通过水的流动来对身体进行降温（图 1-20 下）[26]；兔子会竖起自己富含毛细血管的耳朵，并加快呼吸来维持自身体温（图 1-20 左上）。这些对热的响应来源于生物体内部系统的共同驱动，而自清洁表面对热也有着不一般的反应。液滴在聚合物表面上的扩散速度会受到温度的影响，从而导致黏附或是润湿性能的改变；同时高分子链的结构在不同温度下也存在着巨大差异，进而在宏观尺度下产生性能的变化。江雷团队[27]将温敏型聚异丙基丙烯酰胺接枝在硅基底上，形成了具有超疏水-超亲水转变特性的表面。该表面在足够粗糙的情况下，29 摄氏度以下水接触角

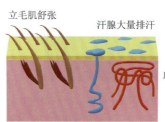

立毛肌舒张　　　汗腺大量排汗

血管舒张

图 1-20　兔子、人类、鸭子对于热的响应

都接近 0°，而在 40 摄氏度以上时水接触角均大于 150°。这种神奇的现象归因于不同温度下聚异丙基丙烯酰胺分子内氢键与分子间氢键发生的可逆竞争，温度较低时分子内氢键占主导呈现亲水状态，温度较高时分子间氢键占主导呈现疏水状态。

除了温度响应外，光响应也是自然界响应机制中重要的一环。最早的光响应来源于数十亿年前，当地球还是一片贫瘠之地，藻类植物和细菌的光合作用将地球大气改造成了温和的、可供各种原始生物呼吸的气候环境。而这种最早的光响应至今都没有完全的解释，只知道它们吸收了光能，把二氧化碳和水合成为有机物。光响应同样能带给自清洁表面"智慧"，而"智慧之源"便是半导体氧化物。半导体氧化物会在紫外线的诱导下产生形貌变化，从而导致润湿性转变。江雷课题组[28]通过低温水热反应法制备了 ZnO、TiO_2、SnO_2 纳米阵列薄膜，经过紫外线反复照射，该表面的水接触角可在 160° 和 1° 之间切换。苏州大学赵燕团队[29]研制了一种超双疏催化织物，不仅能将水、洗涤剂、油污完美隔绝，还能通过在织物表面发生光催化反应来分解这些顽固污渍（图 1-21）。

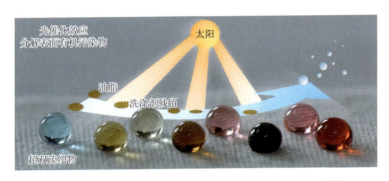

图 1-21 苏州大学赵燕团队研制的超双疏光催化织物[29]

中国古代神话中，雷公左手引连鼓，右手推椎，连鼓相叩击之音即为雷声，电母手持两面神镜照耀即为闪电（图 1-22）。公元前 600 年，古希腊人用树脂和皮毛进行摩擦，发现产生了一种吸引力，电从此进入了人类的生活，但真正将电能应用起来还是法拉第 1831 年发明了发电机后。自此人类开始进入电气时代，有关电的各种现象逐步被人类所探索，各种用电设备也逐渐被人类开发出来。电可以改变表面的润湿性，那么该如何使自清洁表面智能化呢？中国科学技术大学的李家文与吴东教授利用石蜡改性的超疏水微柱阵列制备了一种电响应型表面，通过电压控制表面层相变温度，使液滴发生黏附或脱附，对于窗户而言即可调整光线是否能透过。这种电响应型自清洁智能窗对发展智能器件等领域具有重要意义。

图 1-22　中国古代神话中的"雷公电母"

高中阶段我们学习过磁生电和电生磁，磁和电确实有密切的关系。我国是记录磁现象最早的国家之一，战国时期《管子》中提到的"上有慈（磁）石者，其下有铜金"是世界上最早发现磁铁矿的记载。而我国古代四大发明之一指南针传入欧洲，掀起了探索新世界的浪潮。磁看不见也摸不着，但它具有波粒的辐射特性，这种特性使得磁响应与光响应一样普遍存在。在一些表面中添加磁性物质如四氧化三铁，改变其磁场，就能对表面性能进行调控。中国民用航空飞行学院的李梦团队[30]使用不同粒径的羰基铁粉混合硅氧烷基体制备了磁响应自清洁表面，当磁感应强度达到 300 毫特斯拉时，表面微纳米结构使得水接触角达到 151.5°，在倾斜角为 10° 时，表面沙粒在水的滚动作用下全部被冲刷干净。

含羞草（图 1-23）主要生长在热带和亚热带地区，它有着一碰就闭合的叶子，其原因是它的叶柄上有一个特殊的结构叫做叶枕，叶枕由网状的蛋白质——肌动蛋白（叶枕敏缩体）构成。当受到外界应力刺激时，肌动蛋白束散开，导致细胞被破坏，水分溢出以致叶片产生闭合运动。减少雨水在叶片表面的停留，使一些灰尘等颗粒随着雨水滑落，

图 1-23　含羞草

表现出被动自清洁的过程。植物界的这种对应力所产生的响应相当罕见，而人们发现应力不仅能改变宏观结构，也能改变微观形貌。当受到外界应力刺激后，这些结构变化与响应会使表面特性也随之发生变化，比如使表面润湿性由超疏水变为超亲水。

这些有智慧的自清洁表面依靠大自然的力量，得以在"表面世界"立足。当前，

使用电、磁、光、力、热来改变表面性能的方法越来越多，表面世界的有趣才刚刚显现，在后面的章节，我们还会介绍很多具有智慧的表面，如下一节将会介绍自清洁表面的另一种存在形式——润滑表面，污渍在这种表面上将"难以立足"！

1.2　润滑表面

1.2.1　逃不掉的虫子

▶ 1. 猪笼草的甜蜜陷阱

从 45 亿年前地球诞生开始，经过漫长的演化，各种各样动植物相继出现，使地球逐渐有了生机。动物们会以动物或植物为食，因此可分为肉食类动物、杂食类动物和草食类动物；而植物们利用光照、水分、空气、矿物质等生长发育。但是也有少数植物以动物为食，猪笼草（图 1-24）就是其中之一。猪笼草有上百个品种，它有一个独特的结构——捕虫笼，捕虫笼上窄下宽，笼口有一个盖子，形似猪笼。

猪笼草是如何"吃掉"小动物的呢？在猪笼草的叶片和茎上都分布着引路蜜腺，正如其名，它们分泌的蜜液起到了为昆虫带路的作用，特别是蚂蚁这种爬行类的昆虫。昆虫在这些蜜腺的引导下会不知不觉地来到笼口处，而笼盖的下表面具有大量的蜜腺，它们分泌出的蜜液同样能吸引昆虫觅食。然而这些蜜液有麻

图 1-24　猪笼草的外观

醉的作用，会使昆虫麻痹而落入笼内。掉入笼内的昆虫将无法沿着笼内壁向上爬，因为笼内壁上部存在光滑的蜡质区，虫子没有办法黏附在该表面。最后，昆虫被捕虫笼下部黏稠的消化液所浸没、消化，成为猪笼草的美餐。

通过对猪笼草蜡质区进行相关的研究，研究人员发现其表面不均匀地分布着一层片状蜡质晶体，这些晶体之间相互交叉形成网状结构，形成的表面粗糙度在 150 纳米左右，与光滑的金属表面相当。同时该表面存在新月状细胞，形成的微纳米结构也赋予了其超疏水性能，水接触角达到 155°。当昆虫的足部触碰到这层表面时，低的粗糙度减小了足部与表面的接触面积，同时蜡质晶体的存在也进一步减小了表面摩擦力以及昆虫足部与表面的黏附力。这种奇特的表面结构让猪

笼草成为自然界可怕的"杀手"，动物们被猪笼草捕捉后只能坐以待毙。

▶▶ **2. 摩擦是好是坏**

20 世纪 60 年代，英国爵士 Peter Jost 统计了英国国内因摩擦、磨损、润滑造成的损失，Jost 认为人类的一次能源大约有 1/3 是被摩擦消耗掉的。最终，他将摩擦、磨损、润滑统称为一个学科，叫做 Tribology，即摩擦学。摩擦学的创立使得人类对表面相互运动、相互作用有了更加深刻的认识。说摩擦坏，它的确很坏，机器零部件的失效有 80% 来自摩擦损耗，摩擦磨损造成的经济损失可以占到一个工业化国家 GDP 的 2% ～ 7%。为了减少摩擦造成的损失，我们需要将某些领域的摩擦磨损降到最低[31]。

要研究摩擦，就需要了解摩擦的起源。早在远古时代，原始人便发现了摩擦的妙用——"钻木取火"，他们拿起硬木头在较软的木头上摩擦，使其发热，直到产生火源，火被人类控制是人类文明进步的重要标志。后来，北欧出现雪橇，人们巧妙地利用雪橇在雪地上滑时摩擦力较小的特点来方便自己出行。再后来，车的出现推动了地区之间的交流，它也承载了文明的巨大进步。

减小摩擦的方法很多，最为常见的就是使用润滑剂。南北朝郦道元所著的《水经注》中提到"水有肥如肉汁……膏车及水碓缸甚佳"，这是最早的使用矿物油作为润滑剂来减小表面摩擦的记载。19 世纪末期，一支考古队在埃及德尔贝尔萨发现了一座古埃及长老陵墓，陵墓中的一幅浮雕壁画描绘了古埃及人搬运巨大雕像的场景（图 1-25），为解开金字塔的建造之谜提供了关键线索。壁画中，172 名苦力用多种工具搬运着一尊雕像，在他们前方站着一位男子，他不停地往滑橇前方倾倒某种液体，而这种液体到底是什么仍不得而知，但很多人都认为这是润滑剂。从 1852 年人类第一次获得矿物润滑油，到工业生产能力飞跃的 21 世纪，机械结构变得越来越精密，用于减少摩擦磨损的润滑剂也在不断地发展。而润滑剂只是摩擦学的"皮毛"，人类才仅仅发现了摩擦学的冰山一角！

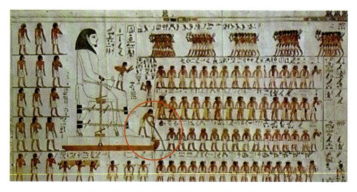

图 1-25　古埃及人搬运雕像时的场景

1.2.2　污渍的天敌

▷▷ **1.** 是污渍还是艺术？

也许你有一天会来到重庆市九龙坡区的黄桷坪，这里有中国最大的涂鸦艺术墙（图 1-26）。一开始的涂鸦出自四川美术学院艺术家们的手笔，后来逐渐允许游客进行自由创作，来自世界各地的涂鸦爱好者们都能在这里大显身手。但是也有人说这些涂鸦不好看，影响了市容市貌。涂鸦文化起源于 20 世纪 60 年代，随着现代社会的发展，一些涂鸦从艺术变成了对街道容貌、建筑和历史古迹的破坏，而去除这些恶意涂鸦的成本非常高，纽约在 2019 年花费了近 35 万美元来清洗遭大面积涂鸦的列车。目前，清除涂鸦的方法主要包括机械擦除和使用化学物质清洁，但机械作用与化学清洗剂均会对涂鸦基底造成不可恢复的损伤。

图 1-26　城市中的涂鸦

涂鸦物主要由水性和油性成分组成，其实污渍也类似，可大致分为果汁、酒等水性污渍，以及油渍、染料等油性污渍两类。办公桌桌面、墙面、设备表面、生活用品表面等都会由于长时间的不清理而堆积污渍。前面提到的超双疏表面虽不会被污渍附着，但可能存在透明度、耐久性不佳的问题。因此科研人员摒弃传统的利用表面张力差异进行防污渍或自清洁的方法，从减小污渍与表面的相互作用力出发，通过对表面进行处理以降低表面摩擦系数，使污渍们能够自己滑落。

▷▷ **2.** 滑落的液体污渍

常见的液体污渍有很多，如颜料、小广告背面的胶黏剂、油渍、咖啡渍、茶渍等。而在容易被这些污渍污染的固体表面一般会受到一定的机械摩擦作用，就像最容易脏的袖口在桌面上来回摩擦，如果使用拒油的超双疏表面，那么其超双疏的性能也会急剧下降。为了对付这些液体污渍，具有低摩擦系数的光滑表面会是更好的选择，尽管污渍会润湿固体表面，但低摩擦系数赋予的润滑性能会让污渍更容易擦除，或是在外力（重力）的作用下滑落，且不留下痕迹。

固 - 液相互作用的研究是表面工程中非常重要的一项工作，固体与液体之间的摩擦与润滑作用为理解固体表面性能与结构架起了一座桥梁。润滑表面的应用领域非常广泛，如工业制造、材料加工以及生物系统等，现在已有许多科研技术人员投入到润滑聚合物表面的设计当中。我们从力学的角度去了解它，液体介质在固体表面的润滑取决于液体与固体的相互作用，当液体介质在固体表面接触角一定时，液体的滑动行为与液 / 固界面的摩擦力有关，而相同种类和大小的液滴其摩擦力又取决于固体表面的结构。在平整光滑的固体表面，液滴与固体之间的表面张力与黏结力主导着液滴的行为，液滴与固体间的黏结力均来源于化学键力、范德瓦耳斯力、机械作用、吸附作用、扩散作用、静电作用，要提高固体表面的润滑效果，必须减小固体表面与液体介质的作用力。

当液体污渍与固体表面的相互作用力较小时，这种表面就会拥有一定的抗污性能。目前，抗污表面主要通过将降低摩擦系数的聚二甲基硅氧烷（$\mu = 0.008$）、全氟聚醚（$\mu = 0.015$）、聚四氟乙烯（$\mu = 0.040$）等氟 / 硅化合物添加到平面基底或聚合物表面上而制成。兰州大学门学虎团队使用甲基氢硅氧烷作为与玻璃基底的黏结剂以及涂层交联剂，加入乙烯基改性聚二甲基硅氧烷（PDMS），通过共价接枝的方式在玻璃基底上构建 PDMS 类型防污渍涂层，这种表面的水和油墨的滚动角（液体在倾斜表面上刚好发生滚动时，倾斜表面与水平面所成的临界角度）分别在 20° 和 10° 左右。由于油渍与表面间作用力小，擦除时不会留下污渍痕迹。中国科学院兰州化学物理所的吴杨团队[32]利用四乙氧基硅烷连接玻璃基底与全氟聚醚醇链，在光滑的玻璃表面制备了全氟聚醚防污渍涂层。该涂层表面也能使油性污渍难以附着，简单擦拭即除去污渍。

自 2011 年哈佛大学 Aizenberg 团队提出润滑液注入多孔表面（slippery liquid-infused porous surface，SLIPS）这一概念以来（图 1-27），SLIPS 这类仿生表界面在减阻、抗污、自清洁等领域的应用潜力受到了广泛的关注。SLIPS 的润滑液被储存在微纳米结构中，这些润滑液一般是摩擦系数和表面能均较低的聚二甲基硅氧烷、全氟聚醚等，能在表面形成稳定的光滑层。而润滑液的储存和光滑层的稳定性是保持 SLIPS 自清洁、抗污能力的关键。SLIPS 一般先构建多孔表面基底，相应的制备方法在近十几年得到了井喷式发展，最常见的模板法可以分为硬模板法和软模板法。其中硬模板法就像小时候玩的橡皮泥，将橡皮泥压入不同的模板中，形成相应的形状，而多孔表面的形成通常依赖模板自身的多孔结构，材料在其内部或表面生长，最后通过去除模板得到多孔状结构；软模板法则是使用胶束、反相微乳液、液晶、自组装膜、生物大分子等物质，在一定条件下形成有序聚合物，这种有序结构有些能赋予表面多孔的形态。此外，多孔表面也能通过刻蚀技术来实现，如化学刻蚀、电解刻蚀、激光刻蚀、超声波刻蚀、等离子刻蚀等。SLIPS 这种抗污渍表面最大的特点就是将用于除去表面污渍的润滑层成分储存在表面的孔洞中，而在这种表面被外界的各种因素影响后，润滑液可能会有所损失，此时，储存在表面孔洞中的润滑液会由于低表面能效应对表面进行补充，孔洞中的润滑液会流到表面，使表面持久保持抗污渍性能。

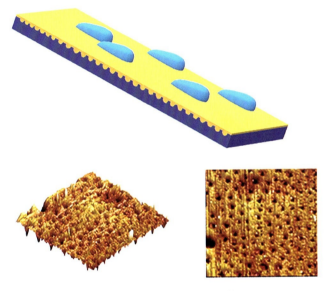

图 1-27　SLIPS 的表面形貌

　　相比油渍、血渍、牛奶等含蛋白质的污渍与固体表面间的作用力更强，因此也需要表面具有更强的防污渍能力。怎样才能让这些顽固的含蛋白质污渍从表面去除呢？我们先来了解蛋白质的结构。蛋白质是由一条或多条多肽链组成的生物大分子，而肽链由我们常说的氨基酸通过脱水缩合形成，这些肽链就是含蛋白质的污渍能强力地黏附在表面的罪魁祸首。近年来在科研圈爆火的贻贝"万能黏附"，主要就是依靠贻贝黏附蛋白来对基体进行极强的黏附（图 1-28），蛋白质中所含的极性羟基与仲氨基会因为蛋白质的空间结构形成分子内氢键，不会与被附着基底形成氢键，在亲水基团都已经被屏蔽的条件下，蛋白质转而表现出疏水性。蛋白质与被附着基底会表现出疏水 - 疏水作用，在疏水表面，蛋白质更容易发生黏附。至此，以两性离子为主的抗蛋白黏附表面应运而生。氨基磺酸、氨基羧酸、生物碱、碳酸氢根离子、磷酸二氢根离子、磷酸氢根离子等基团都属于两性离子范畴，含有这些两性离子的表面具有充分的抗蛋白黏附效果。

图 1-28　贻贝"万能黏附"

城市中的小广告屡禁不绝（图 1-29），影响城市容貌，这些小广告纸粘贴在一些固体表面后很难去除，或是容易留下纸张痕迹，这与使用的某些胶黏剂有关。胶水在日常生活中用于两个表面的黏结，主要成分就是溶剂和聚合物，其中最为常见的是以聚乙烯醇和水作为主体的胶水。两个表面的粘贴其实就是依靠聚合物分子链的拉力，就像一群大力士用力将两个表面拉近并贴合在一起。胶水中的水会慢慢挥发，仅留下聚乙烯醇，而聚乙烯醇含有大量亲水羟基，通过羟基与被粘贴表面分子的相互作用来发挥粘贴作用。胶水除了常见的聚乙烯醇 - 水体系，还有粘贴速度快、粘贴能力更强的有机溶剂体系，聚合物则能采用环氧树脂、丙烯酸树脂等。要使表面达到防粘贴的状态，则需要减少这些聚合物与表面的相互作用。

图 1-29　粘贴在墙壁和电线杆上的小广告

氟烷烃、氟烯烃、氟芳烃、氟硅烷等含氟化合物具有表面自由能低、耐热性和耐化学稳定性良好等特点，氟原子同时也是电负性最强的元素。以聚四氟乙烯为例，氟 - 碳键的键能（486 千焦 / 摩尔）较高，相对聚合物主链的碳 - 碳键的屏蔽性更强，不容易和胶黏剂中聚合物内的基团发生相互作用，聚四氟乙烯材料的表面也就变得不易被粘贴。常见的硅油（聚二甲基硅氧烷）由硅原子连接的侧甲基将聚硅氧烷主链屏蔽起来，同时碳 - 氢键极性较低，使分子间相互作用力十分微弱。因此，当聚合物表面的氟 - 碳键或碳 - 氢键达到了一定密度，都会产生一定的防粘贴能力。

▶ 3. 滚落的固体污渍

悠悠球（YO-YO）曾是很多人的童年记忆，其最早出现于古希腊，被称为世界上花式最多、操作最难的手上技巧运动。但是你们知道悠悠球能够空转的玄机吗？大部分悠悠球都是属于轴承型的，其外壳连接的金属轴上装有一个尼龙轴承，绳子的一端就套在尼龙轴承的沟槽中，以轴承与金属轴之间较低的滑动摩擦代替绳子与轴的摩擦，阻力减小。而滚珠轴承（图 1-30 左）内外轴之间有多个可灵活滚动的小钢球，小钢球的滚动使内外轴承可顺畅地旋转，将滑动摩擦转变为滚动摩擦，有效地减少摩擦阻力，使得悠悠球的空转时间更长。

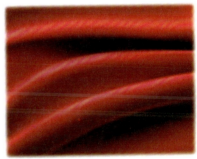

图 1-30　丝绸与轴承

这种固 - 固表面减小摩擦的实例还有很多，当固体与固体间的摩擦变得很小，固体也能轻易地从另一个固体表面滚落。对于固体污渍的清除，这种方法也是可取的，一些表面如果不容易附着灰尘、皮屑、煤烟等，也能具有很好的自清洁效果。中国的丝绸（图 1-30 右）曾在世界上风靡一时，成为中国传统文化的名片。使用天然蚕丝织成的丝绸是服装行业的一种高档面料，它的表面摸起来柔软且丝滑，灰尘难以附着，原因就是丝绸表面摩擦系数较低。但更加微小的固体污渍会因为静电作用而附着在固体表面，电视屏幕在使用后一段时间会覆盖一层灰尘就是很好的例子。

固体污渍主要通过与固体表面进行接触黏附，黏附作用来自分子间作用力（范德瓦耳斯力），这种黏附的强度会因外界条件的变化而改变，将窗帘、衣物等用水先浸泡，表面的灰尘就更容易被清洗掉。而很难有表面能杜绝分子间作用力的存在，前面说到的聚四氟乙烯可以减少与固体污渍的分子间作用力，但效果并不明显，时间一长，灰尘还是会落满聚四氟乙烯表面。想真正使表面拥有抗固体污渍的能力，还需要使它足够光滑，如果表面粗糙度非常低，固体污渍就算再小，也能在表面倾斜至一定角度后滑落。这种表面以现在的科学技术还难以实现，下一小节我们将会介绍人类在追逐这种超润滑表面路途上的困难与进展。

1.2.3 挑战零摩擦

▷ **1.** 科幻与现实

杰弗里•A.兰迪斯在《镜中人》中写道："他把手放在镜面上（镜子里的倒影也从下面伸出手来贴着他的手），摸起来感觉平整光滑——绝对平整，比油还要光滑，就像什么都没摸到一样，他的手掌在镜面上滑动时，根本感觉不到任何阻力。"该作品说的是主人公运用物理学知识逃出一个零摩擦镜面大坑的故事。而绝对的零摩擦其实很可怕，刘慈欣在《三体2：黑暗森林》中想象了一种名叫"水滴"的三体文明探测器（图1-31），这种探测器使用强相互作用材料构成，构成整个探测器的原子被强相互作用力锚定，分子热运动几乎完全停止，使得水滴的表面温度达到了绝对零度。此外，强相互作用力下的原子排列得非常整齐，造就了这种探测器的绝对光滑，表面

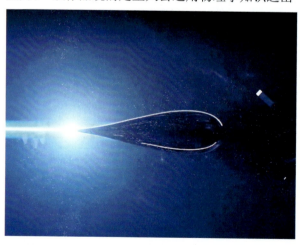

图 1-31 《三体》小说中表面绝对光滑的"水滴"探测器

达到了零摩擦的状态。

这些来源于科幻世界的零摩擦表面不知道还需多久才能变为现实，但是我们一直在努力向"零"靠近。早在1983年，Peyrard和Aubry预测两个原子级光滑

且非公度接触（两表面不匹配的接触形式）的范德瓦耳斯表面之间存在零摩擦的可能[33]。日本科学家平野元久[34]于 1990 年首次提出超润滑（superlubricity）概念，随后 Martin 于 1993 年通过实验观察到了摩擦系数低至 0.001 的超低摩擦现象。2004 年荷兰的 Frenken 团队首次观察到石墨 - 石墨烯界面的超滑现象。近几十年来在超润滑领域所取得的突破，打开了超润滑技术从实验室走向应用的大门。

▶▶ **2.　超润滑时代**

有人做过一项关于全球汽车发动机磨损降低会带来哪些影响的调查，发现当汽车发动机活塞的摩擦系数降低到 18% 时，每年能节约 5400 多亿元人民币的燃油开支，以及减少 2.9 亿吨二氧化碳排放。如果摩擦系数降到更低呢？

处于结构超滑领域国际领先地位的郑泉水团队[35]在 2008 年首次在实验中实现了微米尺度结构超滑。2013 年魏飞团队[36]首次检测到了大气环境下厘米以上长度碳纳米管层间的超润滑现象（图 1-32），所实现的超润滑尺度比既往报道结果的最高值高出 3 个数量级，同时所得到的摩擦剪切强度比既往报道结果的最低值降低了 4 个数量级。2019 年 7 月，北京星际荣耀科技有限责任公司设计研制的"双曲线一号"运载火箭携带 BP-1B 试验卫星升空，该试验卫星上携带了由兰州空间技术物理研究所使用超润滑固体薄膜制备的新型宏观尺寸零部件，通过了国际上首次超润滑薄膜的空间飞行验证。超润滑技术在硬盘读写、太空探测、精密制造等领域都有着重要作用，也为人类埋下了下一次超润滑技术革新的种子。

图 1-32　纳米结构超润滑模型

▶▶ **3.　酸奶是打开新世界大门的钥匙**

超润滑现象也可以存在于固 - 液界面，但超润滑能与酸奶（图 1-33）有什么关系？中国科学院院士雒建斌团队的张晨辉教授提出了流体效应、水合效应和双电层效应共同作用的超滑机制，而这些机制源于团队中一位博士生的偶然发现。这位博士生出于好奇，测试了晚餐中一瓶酸奶的摩擦系数，发现一段时间后摩擦系数降到了 0.003，他针对这一现象攻关了几个月，但未能找到实验结果中的规律。在排查实验仪器的安装误差后，他发现酸奶并未达到超滑的标准。不过他们

图 1-33　具有润滑特征的酸奶

还是将酸奶中的成分进行了分析研究，发现其中的乳酸起到了关键作用。进一步测试各种酸的摩擦系数发现，磷酸溶液能达到摩擦系数 0.005 以下的超滑状态。基于此，他们提出了"氢键网络"模型来解释这一现象，但该模型并不准确，他们经过重新设计实验，通过增强表面间的水合力和双电层力实现了界面超润滑。

　　在对超润滑一波三折的探索过程中，一旦放弃了就意味着可能与成功擦肩而过，也正是不轻言放弃的探索精神，使得人类将认知的触角伸向了一个又一个未知领域。从观察荷叶表面水滴到超疏水表面真正应用于生活，从猪笼草表面分泌润滑液体到低摩擦润滑表面的广泛应用，人类正处于科技爆炸的时代，也正在朝着更加美好的未来前行 [37-40]！

参 考 文 献

[1]　江雷，冯琳. 仿生智能纳米界面材料. 北京：化学工业出版社，2007.

[2]　Wu X F，Shi G Q. Production and characterization of stable superhydrophobic surfaces based on copper hydroxide nanoneedles mimicking the legs of water striders. The Journal of Physical Chemistry B，2006，110（23）：11247-11252.

[3]　Shi F，Wang Z Q，Zhang X. Combining a layer-by-layer assembling technique with electrochemical deposition of gold aggregates to mimic the legs of water striders. Advanced Materials，2005，17（8）：1005-1009.

[4]　Shi F，Niu J，Liu J L，et al. Towards understanding why a superhydrophobic coating is needed by water striders. Advanced Materials，2007，19（17）：2257-2261.

[5] Wang X D，Dai L G，Jiao N D，et al. Superhydrophobic photothermal graphene composites and their functional applications in microrobots swimming at the air/water interface. Chemical Engineering Journal，2021，422：129394.

[6] Young T. An essay on the cohesion of fluids. Philosophical Transactions of the Royal Society of London，1805，95：65-87.

[7] Feng L，Li S H，Li Y S，et al. Super-hydrophobic surfaces：from natural to artificial. Advanced Materials，2002，14（24）：1857-1860.

[8] Daoud W A. Self-cleaning Materials and Surfaces：A Nanotechnology Approach. New York：John Wiley & Sons，Ltd.，2013.

[9] Chemin J B，Bulou S，Baba K，et al. Transparent anti-fogging and self-cleaning TiO_2/SiO_2 thin films on polymer substrates using atmospheric plasma. Scientific Reports，2018，8：9603.

[10] Ou X F，Cai J B，Tian J H，et al. Superamphiphobic surfaces with self-cleaning and antifouling properties by functionalized chitin nanocrystals. ACS Sustainable Chemistry& Engineering，2020，8（17）：6690-6699.

[11] Wang S T，Liu K S，Yao X，et al. Bioinspired surfaces with superwettability：new insight on theory，design，and applications. Chemical Reviews，2015，115，（16）：8230-8293.

[12] Yin Q，Guo Q，Wang Z L，et al. 3D-printed bioinspired Cassie-Baxter wettability for controllable microdroplet manipulation. ACS Applied Materials & Interfaces，2021，13（1）：1979-1987.

[13] Shao Y L，Zhao J，Fan Y，et al. Shape memory superhydrophobic surface with switchable transition between "lotus effect" to "rose petal effect". Chemical Engineering Journal，2020，382：122989.

[14] 姚佳，王剑楠，于颜豪，等. 仿生水稻叶表面制备及其润湿性研究. 科学通报，2012，57（15）：1362-1366.

[15] Wang X K，Zeng J，Li J，et al. Beetle and cactus-inspired surface endows continuous and directional droplet jumping for efficient water harvesting. Journal of Materials Chemistry A，2021，9（3）：1507-1516.

[16] Yu Z H，Zhang H M，Huang J Y，et al. Namib desert beetle inspired special patterned fabric with programmable and gradient wettability for efficient fog harvesting. Journal of Materials Science & Technology，2021，61（2）：85-92.

[17] Yu Z H，Zhu T X，Zhang J C，et al. Fog harvesting devices inspired from single to multiple creatures：current progress and future perspective. Advanced Functional Materials，2022，32（26）：2200359.

[18] Zhou W L，Wu T，Du Y，et al. Efficient fabrication of desert beetle-inspired micro/nano-structures on polypropylene/graphene surface with hybrid wettability，chemical tolerance，and passive anti-icing for quantitative fog harvesting. Chemical Engineering Journal，2023，453：139784.

[19] Srinivasarao M. Nano-optics in the biological world：beetles，butterflies，birds，and moths. Chemical Reviews，1999，99（7）：1935-1962.

[20] Yu Z W，Yun F F，Wang Y Q，et al. Desert beetle-inspired superwettable patterned surfaces for water harvesting. Small，2017，13（36）：1701403.

[21] Coulson S R，Woodward I，Badyal J P S，et al. Super-repellent composite fluoropolymer surfaces. The Journal of Physical Chemistry B，2000，104（37）：8836-8840.

[22] Gao X F，Jiang L. Water-repellent legs of water striders. Nature，2004，432：36.

[23] Yi E，Kang H S，Lim S，et al. Superamphiphobic blood-repellent surface modification of porous fluoropolymer membranes for blood oxygenation applications. Journal of Membrane Science，2022，648：120363.

[24] Qu M N，Yang X，Peng L，et al. High reliable electromagnetic interference shielding carbon cloth with superamphiphobicity and environmental suitability. Carbon，2021，174：110-122.

[25] Hu Y，Wang Y H，Yang H X. TEOS/silane-coupling agent composed double layers structure：A novel super-

hydrophilic surface. Energy Procedia，2015，75：349-354.

[26] Khudiyev T，Dogan T，Bayindir M. Biomimicry of multifunctional nanostructures in the neck feathers of mallard (*Anas platyrhynchos* L.) drakes. Scientific Reports，2014，4：4718.

[27] Xie Q，Xu J，Feng L，et al. Facile creation of a super-amphiphobic coating surface with bionic microstructure. Advanced Materials，2004，16（4）：302-305.

[28] Liu K S，Cao M Y，Fujishima A，et al. Bio-inspired titanium dioxide materials with special wettability and their applications. Chemical Reviews，2014，114（19）：10044-10094.

[29] Wang W J，Zhao Y，Chi H J，et al. Durable superamphiphobic and photocatalytic fabrics：tackling the loss of super-non-wettability due to surface organic contamination. ACS Applied Materials & Interfaces，2019，11（38）：35327-35332.

[30] 杨华荣，李梦，赵欣，等. 磁控诱导超疏水柔性薄膜的制备及其性能研究. 表面技术，2022，51（12）：303-311.

[31] He G，Müser M H，Robbins M O. Adsorbed layers and the origin of static friction. Science，1999，284（5420）：1650-1652.

[32] Ma Z F，Wu Y，Xu R N，et al. Robust hybrid omniphobic surface for stain resistance. ACS Applied Materials & Interfaces，2021，13（12）：14562-14568.

[33] Peyrard M，Aubry S. Critical behaviour at the transition by breaking of analyticity in the discrete Frenkel-Kontorova model. Journal of Physics C：Solid State Physics，1983，16（9）：1593-1608.

[34] Hirano M，Shinjo K. Atomistic locking and friction. Physical Review B，1990，41（17）：11837-11851.

[35] Zheng Q，Jiang B，Liu S，et al.Self-retracting motion of graphite microflakes[J]. Physical Review Letters，2008，100（6）：067205.

[36] Zhang R F，Ning Z Y，Zhang Y Y，et al. Superlubricity in centimetres-long double-walled carbon nanotubes under ambient conditions. Nature Nanotechnology，2013，8：912-916.

[37] Hod O，Meyer E，Zheng Q S，et al. Structural superlubricity and ultralow friction across the length scales. Nature，2018，563：485-492.

[38] Zhao Y，Gu Y N，Liu B，et al. Pulsed hydraulic-pressure-responsive self-cleaning membrane. Nature，2022，608：69-73.

[39] Gao P，Wang Y L，Wang H，et al. Liquid-like transparent and flexible coatings for anti-graffiti applications. Progress in Organic Coatings，2021，161：106476.

[40] Li Z P，Ma T，Li S J，et al. High-efficiency，mass-producible，and colored solar photovoltaics enabled by self-assembled photonic glass. ACS Nano，2022，16（7）：11473-11482.

2.1 耐腐蚀表面

2.1.1 锈迹斑斑从何而来

▷▷ **1. 可怕的锈**

在日常生活中，我们经常可以看到一些生锈的现象。比如，有些小区的铁栅栏被锈蚀，自行车的车把锈迹斑斑，打开家里水龙头的时候会有锈水流出，学校内的篮球筐被锈蚀，甚至金属眼镜上的小螺丝和眼镜腿，戴的时间长了也会有绿色的铜锈（铜锈也叫铜绿）。我们能用肉眼看到，或多或少知道这些斑斑锈迹与腐蚀有关系，那么什么是腐蚀呢？

简单来说，金属与它所处的环境介质之间发生化学、电化学或物理作用而损坏，这个过程称为金属的腐蚀（图 2-1）。腐蚀现象是十分普遍的，从热力学的观点看，除了极少数贵金属（Au、Pt 等），一般金属发生腐蚀都是一个自发过程，也就是金属在一定条件下，会慢慢从表面向内部腐蚀，直到全部被腐蚀掉，而这个过程只要有足够长的时间就能实现。人们已经认识到使用的金属很少是由于单纯机械因素（如拉、压、冲击、疲劳、断裂和磨损等）或其他物理因素（如热能、光能等）被破坏的，绝大多数金属材料的损坏都与腐蚀有关，因此金属材料的腐蚀已成为当今不可忽略的重要问题。金属腐蚀给人类社会带来的直接损失是巨大的，20 世纪 70 年代前后，许多工业发达国家进行的腐蚀调查工作结果显示，腐蚀造成的损失占国民生产总值（GNP）的 1% ~ 5%。美国 1975 年因腐蚀造成的损失约为 820 亿美元，约占国民经济总产值的 4.9%；到了 1995 年则上升到约 3000 亿美元，约占国民经济总产值的 4.21%。而这些数据只是与腐蚀有关的直接损失数据，间接损失数据有时是难以统计的。我国的金属腐蚀情况也很严重，特别是我国对金属的保护工作与发达工业国家相比还有一段距离。2003 年出版的《中国腐蚀调查报告》显示，中国石油工业的金属腐蚀损失每年约 100 亿元人民币，汽车工业的金属腐蚀损失约为 300 亿元人民币，化学工业的金属腐蚀损失也约为 300 亿元人民币。这些数字都属于直接损失，如该报告中提及某火电厂锅炉酸腐蚀脆爆的实例，累计损失电力约 15 亿千瓦·时，折合人民币 3 亿元，而供电量减少造成的间接损失并没有计算在内。这次调查使得有关部门开始关注腐蚀的危害，也对腐蚀科学的发展起到了重要的推动作用。此后，随着相关研究的不断深入，许多耐腐蚀表面开始涌现[1]。

图 2-1　被腐蚀的齿轮和铁链

▶▶ ② 坚挺的金属

　　人类开始使用金属后不久，便关注到金属腐蚀的问题，人类有效利用材料的历史也是与腐蚀作斗争的历史。古希腊人早在公元前就提出了用锡来防止铁的腐蚀，中国在商代（公元前 16 世纪至公元前 11 世纪）就使用锡来改善铜的耐蚀性，冶炼出了青铜，且冶炼技术相当成熟，青铜器之王——后母戊鼎（图 2-2 左）重达 832.84 千克，由 84.77% 的铜、11.64% 的锡和少量的铅冶炼而成。闻名世界的中国真漆（大漆）作为最早的防腐蚀涂料，也在商代得到了广泛的应用。中国漆是一种"油包水"型乳液，刚从树上采割下来的生漆为乳白色胶状液体，接触空气被氧化后，逐渐转变为褐色、紫红色，以至黑色，其主要成分为漆酚、树胶质、含氮物、水分等。在那些金属制品盛行的年代，虽然没有涂料学科的系统研究，但中国漆让许多金属变得更加"坚挺"，使它们在经历漫长岁月后仍然熠熠生辉。

　　秦始皇陵兵马俑被誉为"世界第八大奇迹"，参观过的人无不被其恢宏的气势所震撼。而那些陶俑身边的青铜剑（图 2-2 中），经过了 2000 多年的岁月，依然光亮如新、锋利如初。分析青铜剑的成分后得知，剑的表面有一层厚约 10 微米的含铬黑色氧化层，人们推测是它保护了青铜剑免遭锈蚀。但剑桥大学的马科斯·马丁农·托雷斯教授提出异议，他认为青铜剑的防腐蚀能力可能归因于周围土壤的化学成分和特征，而不是铬。至今我们仍然无法确定青铜剑防腐蚀的真正原因。又如 1965 年出土的越王勾践剑（图 2-2 右），出土时寒光闪闪，剑刃仍很锋利。上海复旦大学对该剑表面进行成分分析，发现剑刃成分以铜锡为主，还含有少量的硫。说明了战国时期曾用过一种使青铜器表面发黑的硫化处理技术，同时也是世界上最早的金属表面硫化处理技术。除了上述表面处理技术，该时期的鎏金术（镀金）也得到了广泛应用。这些对金属表面的防腐蚀处理技术造就了中国文明史上的一个个奇迹。

图 2-2　后母戊鼎；兵马俑佩戴的青铜剑；越王勾践剑

　　虽然人类对腐蚀及其控制的认识已有数千年历史，但都是属于经验性的，事实上，金属腐蚀的现象十分复杂。材料的腐蚀科学与防护技术是一个涉及多门学科的综合性边缘学科，其理论涉及金属学、材料学、化学、物理学、表面科学等。根据腐蚀机制的不同，通常可以将金属的腐蚀分为化学腐蚀和电化学腐蚀。在认识化学腐蚀和电化学腐蚀前，我们首先应该了解"电解质"一词的含义。电解质是溶于水溶液中或在熔融状态下能够导电的化合物，可根据电离程度分为强电解质和弱电解质，几乎全部电离的是强电解质，只有少部分电离的是弱电解质。电解质都是以离子键或极性共价键结合的物质。

　　所谓化学腐蚀是金属材料与干燥气体或者非电解质直接发生化学反应而引起的破坏，它与电化学腐蚀的区别是没有电流产生。例如高温炉气等氧化性气体使钢材表面生成氧化铁及脱碳的腐蚀均为化学腐蚀，非氧化性高温高压含氢气体中的氢原子渗入钢内与渗碳体中的碳生成甲烷而使钢材脱碳、组织变松形成氢脆，也是化学腐蚀。而电化学腐蚀是金属或者合金接触到电解质溶液发生原电池反应，比较活泼的金属被氧化而伴有电流产生的腐蚀。电化学腐蚀反应是一种氧化还原反应。当两种金属制品相接触，同时又有其他介质如潮湿的空气或其他气体、水或电解溶液等存在时，就形成原电池，发生包括氧化反应和还原反应的电化学过程。例如把铁管装在铜管上、把铜质水龙头装在铁管上，或者在一块铜板上钉一些铁铆钉，两种金属的接触点在液体的作用下极易形成原电池结构，长期暴露在潮湿空气中的铁器表面上会凝结一层薄薄的水膜，空气中易溶于水的介质就会溶解到水膜中形成电解质溶液（图 2-3）。

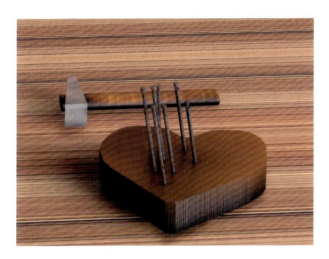

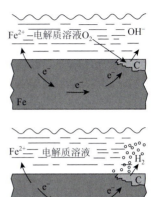

钢铁的电化学腐蚀示意图

图 2-3　被腐蚀的铁钉和电化学腐蚀过程

金属材料（包括各种金属制件）所处的环境一般为工业环境（非自然环境）和自然环境两大类。无论是工业环境还是自然环境，只要其中有凝聚态的水存在，金属材料就会发生电化学腐蚀。只有在无水的有机物介质或高温的气体中（气体中即使含有水，也是以气相的水蒸气状态存在），金属材料的腐蚀过程才是化学腐蚀过程。但实际上在大部分的工业环境中金属材料会与含有凝聚态水的介质接触，自然环境中，即使相对湿度只有 70%，在金属材料的表面也会有凝聚态的水膜。而金属材料在制成制件之前和之后的存放期，都处于大气环境中，许多情况下制件的使用环境就是自然环境，所以在日常生活中电化学腐蚀更普遍。

电化学腐蚀的危害是非常大的，一方面，它会在短期内使停用设备金属表面遭到大面积腐蚀；另一方面，电化学腐蚀使金属表面产生沉积物而呈现粗糙状态，设备启动和运行时，加剧了炉管内铁垢的形成和热力设备运行时的腐蚀。所以电化学腐蚀对机械设备所造成的危害，远比化学腐蚀广泛而严重[2, 3]。

2.1.2　制造不生锈的大船

▷▷ **1. 超级工程中的缺陷**

现阶段美国海军的新一代多用途对地打击宙斯盾舰——朱姆沃尔特级驱逐舰，舰体外观设计、运行动力、通信技术、侦测导航、武器系统等，都是尖端科技的结晶。但是 2021 年，舷号为 DDG-1000 的朱姆沃尔特级驱逐舰在进行了一

段时间的海上测试后，船身表面部分涂层发生脱落，导致了船身的小面积腐蚀（图2-4）。美国海军发言人声称这是恶劣的外部环境造成的。

这种锈蚀不仅带来了巨大的经济损失，甚至可能会造成严重的安全事故。近年来，电化学腐蚀造成的安全事故频频发生。2007年7月11日，大连某煤气新

图 2-4　船体被部分锈蚀的朱姆沃尔特级驱逐舰

厂通向市内的煤气主管道在厂外 3 千米处发生泄漏，导致大量煤气外泄，居民紧急疏散。后期事故调查发现，有 20 余米煤气管线底部严重腐蚀穿孔，漏点呈蜂窝状。而发生事故的罪魁祸首就是铁路电气化改造的不合规设计，这条煤气管线与铁路电气设施垂直距离较近，地下的杂散电流过强，超过当初的设计承受范围，致使管道下部发生强电化学腐蚀。类似的危害也出现在海洋航行的船只中。船舶长期航行在海里，海水能够充当一种强电解质溶液，会对船体金属产生电化学腐蚀，船体中的钢铁材料与海水中的溶解氧、盐分等物质发生反应，尤其是在水线以下部位、船底的焊缝处等，更容易形成腐蚀电池，导致船体钢板变薄、穿孔，降低船舶的结构强度，影响航行安全。这些危害也使得人们对电化学腐蚀的防护越来越重视。

▷▷ 2. 减少电化学腐蚀

海上的舰船、钻井平台以及港口工业器件，甚至沿海城市都会受到盐雾影响，造成材料腐蚀加重。盐雾均为电解质，其中氯离子具有很强的穿透能力，能够穿透金属的涂层并附着在材料表面，引发电化学反应，使其表面受到破坏。因此如何预防材料表面的电化学腐蚀成为一些设备和产品应用中需要着重考虑的。

在电化学腐蚀的防护方面，普遍的做法是外加防护层和阴极保护联合。在武侠影视剧《小鱼儿与花无缺》中，"移花接木"是天下最强武功，它能够隔空吸收任何人的内力，以此提升自己的内力。阴极保护其实就是"移花接木"，实质是通过施加外部电动势把电极的腐蚀电位移向氧化性较低的电位而使材料的腐蚀速率降低。根据提供阴极电流的方式不同，阴极保护又分为牺牲阳极法和外加电流法两种。牺牲阳极的阴极保护法就是在金属构筑物上连接或焊接电位

较低的金属，如铝、镁或锌（图2-5）。阴极材料不断消耗，释放出的电流使被保护金属构筑物发生阴极极化，从而实现对构筑物的保护。外加电流的阴极保护是通过外加直流电源，使被保护金属的阴极极化。该方式主要用于保护大型或处于高电阻率土

图 2-5 船舶用防电化学腐蚀锌块

壤中的金属结构。但是安装阴极保护本身比较贵，而且系统也需要日常维护，包括定期目视检查，会消耗大量的人力物力。此外，外加电流的阴极保护法还要持续消耗电力，成本较高，目前可用的牺牲阳极数量有限，在使用过程中不断损耗，损耗数量越多，腐蚀过程越快，这使得阴极保护法在实际中的应用并不多。

从古到今对于器件表面的防腐蚀用得最多的还是外加防护层的方法，这也是目前电化学腐蚀防护的主要手段，即在金属和腐蚀介质之间建立一个绝缘隔离层，阻止二者接触。耐氯离子涂料就是一种良好的阻隔剂，可以应用在混凝土建筑物和桥梁等设施的表面。它不仅能在这些表面形成防电化学腐蚀层，还能长时间抵抗强氧化性溶剂如浓酸溶液（硫酸、硝酸）、极性溶剂的氧化腐蚀，也能耐受航空煤油等的渗透腐蚀。同时，在醋酸丁酯、二甲苯、丁酮等低极性溶剂以及无水乙醇等高极性溶剂中，使用氯离子防腐涂料形成的表面也不会开裂、起泡或软化，充分证明了这种耐腐蚀涂层的优异性能。

▶▶ 3. 杜绝腐蚀来源

水是金属材料发生电化学腐蚀的必要因素之一，因此人们推测提高金属表面的拒水性能可以有效减缓/阻止金属的腐蚀，比如在金属表面涂覆拒水涂层，或是让金属表面的微结构具有超疏水特性（图2-6）。有关人员对这两种方法进行了研究，制成了一些以超疏水结构为表面基本构架的防腐蚀表面。德国科学家设计了一种神奇的船桨，它的主体为金属材料，桨叶表面是模仿

图 2-6 金属板表面滚落的水滴

鲨鱼皮的定向微结构，具有良好的减阻性能。它在浸入水中后不仅能够更快地往后推动水流，还能在离开水面时不带出任何水滴，这种直接对金属进行表面处理以获得超疏水性能的新型技术有望彻底解决金属遇水后可能出现的腐蚀问题。用于舰船水线下的超疏水涂层可以阻隔水分与金属材料的接触，从而缓解舰艇水线以下部分的氧化腐蚀，并能够使舰船表面的水滴在滚落时清洁船体的污渍，保持舰体的表面清洁，同时还能够能防止海洋生物在船舰表面附着。

超疏水表面能够有效减缓金属基体的腐蚀，根据润湿性模型，超疏水表面的防腐蚀机制主要为"气垫效应"，即表面的微结构能够封闭大量的空气，形成绝缘的空气层，在金属基体与腐蚀介质之间形成阻隔屏障，减缓或抑制腐蚀介质的渗透，从而提高金属的耐蚀性能。然而，随着超疏水表面应用于金属防腐蚀领域的研究不断深入，其存在的问题和挑战也日趋明显。例如，在金属表面构筑的精细微结构质地脆弱，在弯曲、切割、刮擦、冲击等作用下很容易发生不可逆的破坏；同时，微结构的破坏也会导致低表面能物质流失，最终导致超疏水性能下降甚至丧失。近年来研究人员发现，引入黏合剂可以加固金属表面的微结构，是提高超疏水表面机械耐久性的有效手段。如将环氧树脂涂覆在金属表面能显著增强超疏水涂层的机械和化学稳定性，在盐雾中暴露 300 天或在食盐水溶液中浸泡 60 天仍能保持良好的超疏水性能。

再如在工业上用途广泛的镁合金，其以密度小、强度高、刚性好、韧性好、减振性强著称，可用于航空器、航天器和火箭导弹制造。但镁合金有一个最显著的缺点就是耐腐蚀性较差，这是由于镁的性质很活泼，平衡电位也很低，与不同类金属接触时易发生电偶腐蚀，并充当阳极作用。在室温下，镁的表面与空气中的氧发生反应，形成氧化镁薄膜，但由于氧化镁薄膜比较疏松，其致密系数仅为 0.79，因此镁在氧化生成氧化镁后，外环境中的氧气依然能腐蚀被氧化镁覆盖的金属镁。针对此种特性，有研究人员尝试在镁合金表面制备超疏水涂层，用溶胶 - 凝胶法、浸泡法、水热法、电化学沉积法和刻蚀法构建粗糙的微纳米结构，以有效阻止镁合金表面与腐蚀介质直接接触，其不仅在疏水拒水方面起到很好作用，在疏油、抗细菌黏附方面也具有一定的效果。

在耐腐蚀性方面，电化学阻抗谱（即通过测量阻抗随正弦波频率的变化，分析电极过程动力学、双电层和扩散等，研究电极材料、固体电解质、导电高分子以及腐蚀防护等机制的一种测试方法）结果显示，超疏水涂层使碳钢的阻抗模量提高了约 7 个数量级。

前文提到的电化学腐蚀除了需要水，也离不开能溶于水的电解质。因此，除了使用隔绝水的方法，也可以通过减少电解质与表面发生相互作用来构建防腐蚀涂层。

　　涂覆有机防腐涂料是金属材料的一种腐蚀控制手段，最常见的就是使用密封性能好的聚氨酯、环氧树脂、丙烯酸酯共聚物等作为金属材料表面的底漆（最先涂覆在物体表面的一层涂料被称为底漆），起到隔绝电解质的作用（图 2-7）。但是这些涂层一旦破损，就需要消耗大量的人力、物力去进行表面清除和再涂覆，而再涂覆的涂层与初始涂层存在界面差异，具有潜在的工业危害。因此，发展具有自修复功能的防腐涂层很有必要（表面自修复将在 3.3 节中具体讨论）。自修复防腐涂层主要分为缺陷愈合型和腐蚀抑制型两类，缺陷愈合型自修复涂层针对的修复对象是涂层本身，它是真正意义上的自修复涂层，就像人体皮肤，破损后会在一段时间内恢复最初的状态。但对于表面腐蚀来说，腐蚀物会阻碍修复进程，所以一旦腐蚀过程开始，而表面存在缺陷，这个缺陷就难以进行自修复了。腐蚀抑制型自修复涂层又称主动防腐涂层，它是通过在涂层中掺杂抑制金属腐蚀的活性物质（缓蚀剂），对金属基体的腐蚀过程进行抑制。但是上述两种在密封涂层中引入自修复能力的方法都仍处在实验室探索阶段，尚未得到大面积应用。

　　德国 Ormecon 公司正在研制一种更有助于防止金属生锈的外部涂料，它的主要成分不是通常用来防止生锈的锌，而是一种名为 polyaniline（本征态聚苯胺）的聚合物。使用这种聚合物后，汽车、金属桥梁以及金属船外壳的

图 2-7　金属表面涂覆防腐蚀底漆

防锈时间至少可以在现有基础上再延长 10 年。这种涂料防止生锈的原理与镀锌防锈不同。镀锌防锈表面是通过锌原子与氧结合生成致密的氧化锌层，使被覆盖的金属很难被氧化从而起到防止生锈的目的；polyaniline 则是通过加快金属表面的电子与氧结合的速度，使生成的氧化物在金属表面形成一层纯氧化物层从而阻止腐蚀物的继续扩散。实际测试发现，这种表面的防锈能力达到了镀锌的 10 倍。此外，这种涂层较镀锌等传统防腐工艺更为廉价，也不会对人体或生态环境产生较大的负面影响，能够广泛应用于金属表面的防腐蚀（图 2-8）[4-6]。

图 2-8　化学原料储存罐罐体涂层以及船体防腐蚀涂层的涂覆

2.1.3　如何做到"百毒不侵"

在这一小节的开始，我们先了解几种具有超强腐蚀性的物质。一是"王水"，它是由体积比为 3 ∶ 1 的浓盐酸和浓硝酸组成的混合溶液，它的厉害之处在于能溶解惰性金属金（图 2-9）；二是食人鱼溶液，它由体积比为 3 ∶ 7 的过氧化氢和硫酸混合组成，能将其中的有机物彻底腐蚀，如香肠、苹果等食物投入食人鱼溶液中都将"尸骨无存"；三是超强酸体系，其由氢氟酸-五氟化锑混合组成，酸性可达到无水硫酸的 10^{19} 倍；四是在有机化学中常用

图 2-9　金属在"王水"中逐渐被溶解

到的格林尼亚试剂（格氏试剂），它属于一种超强碱，能够进行偶联、加成、取代等多类型的反应，可用于制备一些常见的有机原料。虽然这些强酸和烈碱我们在生活中很少会接触到，但我们也希望有一种表面能抵抗这些酸碱的侵蚀，保护内部结构，而不是像铁片那样，会被硫酸腐蚀得满是坑洼。

除了酸和碱，有机溶剂也是很常见的腐蚀物。聚丙烯在我们生活中很常见，可用于制造洗脸盆、塑料凳子、瓶装饮料盖、打包餐盒等，它能够与酸和碱相安无事，算得上是名副其实的"酸碱盐克星"了，但是聚丙烯在有机溶剂甲苯面前却不堪一击，很快溶解。

真正的防腐蚀就是要做到"百毒不侵"。常用的三大材料中，金属材料不仅害怕酸碱，也会在盐溶液中发生电化学腐蚀，不过它在有机溶剂中很稳定；无机非金属倒是不害怕盐，但酸、碱和部分有机溶剂却能将它腐蚀甚至溶解；而绝大部分高分子材料难以被酸、碱、盐所影响，但害怕"天敌"有机溶剂。到底是什么引起了这种材料之间耐腐蚀性的差异呢？

答案是这些腐蚀性物质对材料的活性产生了影响，再细点说就是腐蚀性物质与材料表面的分子或是原子之间相互作用的强弱。构成表面的原子、分子越"懒"，越不容易和腐蚀物发生作用，这种表面就越"百毒不侵"。

▶▶ 1. 远离酸碱盐

腐蚀存在于生活中的方方面面，其发生往往离不开腐蚀介质，酸碱盐是日常生活和工业中最常见的腐蚀介质。酸性腐蚀介质危险性较大，它能损伤动物皮肤，也能腐蚀金属，主要包括各种强酸和遇水能生成强酸的物质，常见的有硝酸、硫酸、盐酸等。碱性腐蚀介质中强碱易起皂化作用，可使皮肤出现组织坏死现象，甚至是溶解生物体中的蛋白质，常见的有氢氧化钠、硫化钠等。盐类腐蚀介质虽然没有酸碱的腐蚀力强，但一些特殊的盐类物质仍存在腐蚀性，如硫酸盐对水泥的腐蚀，以及一些钠钾盐的溶液对镁及其合金的腐蚀。尤其是用于工业生产的各种材料，我们不得不考虑如何避免材料表面接触到这些腐蚀介质。拿金属材料来举例，由于腐蚀通常最先在金属材料的表面发生，因此在金属表面涂覆隔绝腐蚀的介质，是解决金属腐蚀问题的重要手段，也是目前广泛采用的控制腐蚀物在金属表面扩散的方法。留心观察身边的铁制品，我们会发现其表面大都涂有保护层，经过涂覆后的铁制品往往就不易被腐蚀（图 2-10）。上一节介绍的几种防止电化学腐蚀的涂层，不仅可以将材料与外界的腐蚀性物质隔离开来，也具有良好的电绝缘性和隔水性，但面对非电化学腐蚀，这些涂层可能就"束手无策"了。所以"百毒不侵"的表面需要结合多种物质的性能，形成复合表面。

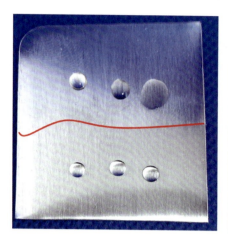
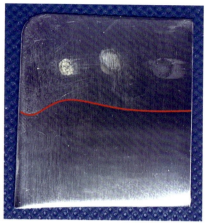

图 2-10　涂有防腐蚀涂层的金属片在被酸碱盐溶液腐蚀后的状态
（金属板上方未涂覆防腐蚀涂层）

　　能耐受酸碱盐类腐蚀介质的防腐涂层常由三部分组成：第一层是涂在金属表面的底漆，用以增强金属与主要涂料的黏结力；第二层是主要涂料，常用的有煤焦油瓷漆、石油沥青、聚乙烯胶黏带、环氧树脂、聚烯烃涂层等，近年来国外使用较多的是后两种；第三层是包扎带，用以保持一定的机械强度，以免涂层在运输和施工过程中受损。涂层施工完成后必须进行耐冲击性、抗剥离性及电绝缘性等一系列测试，合格者方能使用。这种防腐涂层种类有很多，按使用基材不同可分为混凝土基材防腐涂层、木材基材防腐涂层、塑料基材防腐涂层等；按金属类型不同大致可分为铝合金表面防腐涂层、镁合金表面防腐涂层、钢铁材料的表面防腐涂层。

　　在众多防护措施中，有机防腐蚀涂层由于操作简单、成本低廉、效果稳定而被广泛应用于抗酸碱盐腐蚀领域。比如环氧树脂是对酸碱盐类不敏感的材料，同时也可以附着在金属基材表面形成保护膜，有效地隔离酸碱盐类腐蚀介质与材料表面，被广泛用于交通运输、能源工业、汽车／航空零部件和电子产品等领域（图 2-11）。然而，环氧树脂涂层在保护性能方面仍然具有改进的空间，它不仅难以抵抗有机溶剂的侵蚀，还会受环氧树脂高交联密度的影响，产生微裂纹和孔洞，腐蚀性介质分子如水、氧和氯离子将渗透到基底中，引起基底的腐蚀。为了赋予环氧树脂"百毒不侵"的性能，一些专家学者采用了添加石墨烯的方式，并取得显著成效。石墨烯由于其独特的性质（7.1.3 中将具体介绍碳材料），能够阻止氧和水分子扩散到金属基材料的表面，从而保护金属免受氧化腐蚀，同时碳材料也能够在有机溶剂中稳定地存在，由此，无机 - 有机复合防腐表面为防腐领域开辟了一条新的道路。当然，问题也会随之而来，如何提高碳材料在环氧树脂或其他有机聚合物中的分散性仍然是一个挑战，如果它们聚集在一起，可能会导致这些防腐表面产生缺陷，不仅防腐性能减弱，其他如机械性能也会被影响[7]。

图 2-11　涂覆有树脂防腐层的管道

▷▷ 2. 塑料王

本节将隆重介绍一位高分子界的"大明星"——聚四氟乙烯（PTFE），在前面的章节中你可能已经见过了它的身影，但相比其他性能，它的耐化学腐蚀能力尤为突出，"塑料王"的称号也正是得名于此。

聚四氟乙烯是一种以四氟乙烯为单体聚合制得的白色蜡状高分子聚合物。除了在高温下能与碱金属起反应外，它几乎不受任何物质的侵蚀，即使在氢氟酸、王水、浓硫酸、氢氧化钠等强氧化性酸或碱液中煮沸，也不起任何变化。在前文中提到氟 - 碳键的一些性能，也正是这种强大的氟 - 碳键赋予了聚四氟乙烯优异的耐腐蚀性能。聚四氟乙烯中除了构成骨架的碳 - 碳键，其余部分都是由氟 - 碳键组成，氟原子的强电负性使得其他原子或分子在接近骨架碳 - 碳时就被排斥，这样腐蚀物和聚四氟乙烯就不会发生相互作用了。此外其他介质如酮类、醚类等有机溶剂均不能对它起作用，在高温下长期接触一般只增重 1% 左右，且具有良好的热稳定性。

近年来，由于聚四氟乙烯材料具有出众的耐腐蚀性能，已经在石油、纺织等诸多行业得到了广泛应用。其中具有代表性的就是聚四氟乙烯防腐蚀表面在排气管、蒸汽输送管、高中低压管道、阀门内部中的应用。特别是在常规材料无法使用的低温、防粘等比较严苛的环境条件下，聚四氟乙烯的优势尤为显著。聚四氟乙烯的另一个重要应用是充当防腐密封材料（图2-12）。尽管密封件是各类设备的附件，与设备相比重要性较低，但是密封效果的好坏，对设备使用的整体效果具有十分突出的影响，有代表性的包括热交换器、大直径容器、玻璃反应锅的密封件等。此外，将聚四氟乙烯薄膜复合在这些大型容器的表面，能够显著提高其耐溶剂性，并能够在一定程度上改良耐介质性，例如将聚四氟乙烯表面应用于浓硝酸设备，可很好地避免由浓硝酸的腐蚀造成的泄漏问题，价格也较为适中。聚四氟乙烯也可应用在仪表防腐中，主要包括仪表的内衬和外包，即仪表内部或外部能够接触到强腐蚀性介质的部位。聚四氟乙烯还具有出众的耐高低温特性，也可作为石棉垫片的核心替代物。如果通过碳纤维对其增强，能够帮助聚四氟乙烯支撑结构并分散摩擦力，机械强度与耐磨性得到进一步提高，并具有更高的耐温性能与工作温度区间，此类性能是大多数材料都难以比拟的，也奠定了聚四氟乙烯在防腐领域的地位。

图 2-12　聚四氟乙烯密封圈和棒材

▶▶ 3. 惰性表面

"塑料王"可以说是高分子家族中挑战各类酸碱盐以及有机溶剂的得力干将，在这一方面，无机非金属和金属也不遑多让。

碳化物在室温下几乎可以耐受各种化学试剂的腐蚀，相关耐腐蚀涂层主要由Ⅳ族碳化物（如碳化钛、碳化锆、碳化铪）、Ⅴ族碳化物（如碳化钒、碳化铌、碳化钽）和Ⅵ族碳化物（如碳化铬、碳化钼、碳化钨）等制成。其中碳化铬具有超强的防腐蚀能力，在空气中1100～1400摄氏度时才开始发生显著氧化，有机溶剂更难以影响它，这归功于碳化铬不易与其他分子或原子发生相互作用的特点。氧化物的耐腐蚀性能虽然比碳化物稍微弱一点，但它足够廉价，因此也成为耐腐蚀家族中不可缺少的一员。氧化物耐腐蚀涂层主要有氧化铬、氧化钛等，它们能耐大多数酸、盐的腐蚀，对碱溶液可能存在一定的响应。金属氮化物在耐腐蚀家族也有一席之地，使用钛、铬、钒、铌、锆、铪等过渡金属的氮化物构建的涂层同样具有极强的耐化学腐蚀性能。

MXene 材料自 2011 年被报道以来，讨论热度一直有增无减，它是一类由几个原子层厚度的过渡金属碳化物、氮化物或碳氮化物构成的二维无机化合物。北京化工大学刘斌团队 [8] 认为 MXene（$Ti_3C_2T_x$）的层状结构对腐蚀物具有良好的阻隔性能，在防腐涂料中具有潜在的应用价值。他们利用咪唑离子的自由基清除能力和 MXene 的化学特性，建立并阐明了一种提高环氧基涂层抗氧化稳定性和防腐性能的协同机制。华中科技大学严有为 [9] 使用聚多巴胺对氧化铝纳米片进行修饰，并加入氧化锆制备增强超薄防腐蚀涂层。印度斯里罗摩克里希纳工程学院的 Chandrasekar Narendhar 团队所制备的二氧化硅 / 硫化钼 / 氧化钛三元异质结复合表面，防腐蚀性能优异且具有一定的抗污性能。上述表面在常见的盐雾和酸碱溶液中均比较稳定。上海富晨公司在 2018 年研制出了 XPC 聚合物超级防腐蚀涂料，这种涂料中含有有机 - 无机多官能团的交联结构，分子间以醚键为主，其在高浓度酸、碱溶液或大部分有机溶液中浸泡后均保持良好的性能。这些耐腐蚀表面在钢铁、化工行业扮演着重要的角色，是有毒、有害物质与人体或大气环境之间的一道屏障。

目前国内外科研工作者已开发出一系列防护涂层、缓蚀剂和电化学保护方法，有效提高了金属表面的耐腐蚀性，能够更好地解决一些不可避免的腐蚀问题，如图 2-13 所示严重腐蚀的管道连接处。这些方法使得金属材料具备了长期使用的稳定性。在未来的工作中，防腐表面的研究在对现有材料进行开发的同时，还应该进一步考虑环境危害、工艺成本、操作条件等问题，向着更加绿色、实用、节约成本的方向发展。

图 2-13　工业金属管道的严重腐蚀

2.2 耐辐射表面

2.2.1 抵御来自太阳的伤害

▶▶ **1.** 室外耐候——太阳的危害

俗话说"万物生长靠太阳",在远古时代,人们是把太阳当作神来崇拜(中华民族的先民把自己的祖先炎帝尊为太阳神),随着科学技术的进步,我们开始利用太阳,让它为我们提供更多的能源。我们在太阳下能感受到温暖,是因为它的辐射。太阳辐射一方面能维持地表温度,是地球上的水循环、大气运动和人类活动的主要动力;另一方面也会导致皮炎、皮肤老化,产生皱纹、色斑等,灼伤眼睛,长期的照射更可能会增大人患皮肤癌的概率。

很多物品在室外放置一段时间后,也会发生不同程度的损坏。最常见的就是塑料制品在太阳的暴晒下会变脆。日光照射是材料变性和被侵蚀的重要外界影响因素之一,材料表面可能会失去光泽,并出现不同程度的老化,使用寿命大大缩短。炎炎夏日,汽车经暴晒后,我们打开车门就会闻到刺鼻的异味,其实这是汽车内饰材料挥发或皮革和织物散发的气味。同时,这也很容易导致车辆塑料件老化,比如布满线路的仪表台、车门、天窗边缘上密封圈等,都会有一定的影响。特别是密封圈暴晒后容易出现老化、开裂,使密封性能大打折扣。所以为了更好避免太阳辐射带来的危害,对一些长期在室外使用的物品和材料表面建立室外耐候是很有必要的。太阳的辐射中,主要是可见光,约占太阳辐射总量的50%,此外红外线占43%,紫外线约占7%。紫外辐射在太阳总辐射中所占的比例虽然不大,但影响不小,曾一度被誉为"最强杀手"[10]。

通常情况下,人们无法辨识或感受到紫外线,它是一种不可见光,但它能被皮肤及眼睛等器官吸收并对其造成伤害,被称为"隐形杀手"一点儿也不为过,防紫外线辐射的方法有哪些呢?

对于人类来说,防紫外线辐射就是我们通常所说的防晒。紫外线辐射最强的时间是上午10点至下午3点,因此如这段时间内必须在户外工作或走动,应采取一定的自我保护措施。物理防晒方法有戴帽子、打伞、戴墨镜、穿有色泽的衣服(以黑色、深色最好)。深色衣服可以有效预防紫外线的辐射,但其吸收红外线可能导致闷热、出汗、口干等问题;白色的衣服虽然不能有效地防止紫外线对皮肤的影响,但白色织物常使用的锦纶或聚酯纤维织物对紫外线有一定的防护作用,防晒衣多是由这两种材料制成。也可使用化学防晒方法,如涂抹防晒霜(图2-14),其作用机制是借助其他成膜性物质在肌肤表面形成一道屏障,反射或

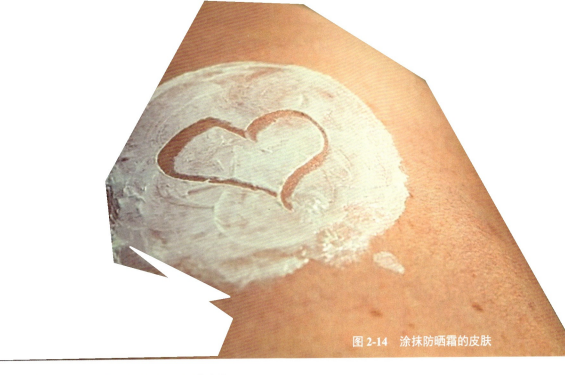

图 2-14　涂抹防晒霜的皮肤

吸收紫外线，以避免其进入肌肤内部。

▶▶ 2. 防晒衣的秘密

那紫外线是如何对皮肤造成伤害的呢？根据光量子能量方程可知，波长越短，能量越大，紫外线的波长在 10 ～ 400 纳米，而可见光的波长在 400 ～ 760 纳米，由此可见紫外光的能量是要高于可见光的。其中紫外线又分为高能的 UVC、中等能量的 UVB 和低能量的 UVA，就对皮肤的作用来说，UVA 能深达皮下组织，UVB 只能到达真皮层，而能量较高的 UVC 仅能到达表皮层。大气层中的臭氧吸收了几乎所有的 UVC，其余大部分波段的紫外线会被皮肤表皮所吸收，被照射的部位会出现红斑、炎症、老化，严重者可引起皮肤癌。而人体也有着相应的保护措施，人体内含有三种芳香族氨基酸——酪氨酸、苯丙氨酸、色氨酸，它们作为前体，可以生成多种化合物保护机体免受紫外线辐射的危害，其中酪氨酸就是生成黑色素的成分。

一个原子由原子核以及围绕在原子核周围高速运动的核外电子构成，一般情况下核外电子处于稳定的基态，但当电子吸收了一定频率的光子后，就会发生能级跃迁，然后重新回到原来的基态，并释放能量，就会产生光。类似于夜明珠或者夜光棒在吸收可见光之后，在黑暗的环境中能发出荧光，但一段时间后荧光会消失，因为此时的电子都回到了基态，经过再次光照后又可以释放荧光。但有时候电子会逃逸，直接生成自由基，自由基的活性很强，就会到处搞破坏，最后体系就会崩溃。既然紫外线能使分子发生能级跃迁，那有什么结构在此波段下最容易跃迁又很稳定呢？答案是苯环。苯环对紫外线的吸收能力很强，在204纳米波长处有一个强吸收峰，这是苯环的共轭电子跃迁导致的，在230～270纳米波长之间有弱吸收峰，这是成键轨道向反键轨道跃迁以及苯环的振动导致的。所以想要吸收紫外线，含有苯环结构的有机物涂层就能做到这一点[11, 12]，比如太阳伞、农用薄膜、电子器件保护膜等成品均采用了含苯环结构的涂层。

防晒衣能够防晒的秘诀在于其大多采用防紫外线纤维制成，如聚酯纤维等，

图 2-15　防晒衣

甚至会加入陶瓷微粉，增强对紫外线的反射和散射作用，防止紫外线透过织物损害人体皮肤（图2-15）。聚酯纤维、聚酰胺纤维、聚丙烯腈纤维等聚合物纤维能够吸收波长在180～400纳米的紫外线，并将其转换为热能，同时具有较强的屏蔽性，使得紫外线透过率小于3%，防晒衣在洗涤40次后防紫外线率仍可达85%以上。

纺织品是最早的防紫外线产品。近年来，在一些发达国家，紫外线防护产品的生产已经形成一定规模。处于低纬度日照较强的国家，以澳大利亚为代表率先开发研究抗紫外线纺织品对人体进行防护，而且使抗紫外线纺织品进入了商品化阶段。在开发抗紫外线织物方面一直处于国际领先地位的日本，推出了具有抗紫外线辐射功能的衬衫、帽子、运动服和太阳伞等制品，他们还将氧化锌或氧化钛类紫外线屏蔽剂加入织物中，赋予织物强大的抗紫外线能力。日本 Shikibo 公司的产品"RICAKGUARD"就是将脂肪族多元醇类化合物合成并编织整理成的织物，这种织物对 UVA、UVB 的透过率都很低，还具有较好的耐洗性能。我国对防紫外线的研究起步较晚，但东部沿海地区的一些企业和高校对防紫外线的纤维和织物进行了不少研究。例如，厦门华普高新技术产业有限公司开发的纳米级陶瓷棉纺织品，同时具有抗紫外线、抗菌及远红外保温功能。东华大学纤维材料改性国家重点实验室研制出化纤级抗紫外线超微粉体和母粒。北京服装学院曾测试过经氧化锌处理的织物，其紫外线屏蔽率可达89%；经二氧化钛处理的织物，紫外线屏蔽率为84.5%，经5次洗涤后仍有83.6%。

总的来说，目前国内外防紫外线纺织品的生产主要采用以下两种方法。第一种是先制得防紫外线纤维，然后将其与普通纤维混纺，制成抗紫外线织物产品。由于无机紫外线屏蔽剂耐热耐氧化，因此在高温加工时可以掺入聚酯母粒，纺成

防紫外线纤维。其中效果较好的是采用纳米级的陶瓷粉末，这种产品国内尚未见报道。第二种是后整理法，将紫外线遮蔽剂浸渍或涂层于织物表面，起到一定防护作用，近年来这方面的研究较多[13, 14]。

▶▶ **3. "防晒霜"的秘密**

图 2-16 中的这只青蛙为了应对强烈的阳光，它正在涂"防晒霜"，它能分泌一种防晒蜡质，并用四肢把全身都涂抹一遍。这种天然的防晒物质能够有效减少紫外线对机体的影响。类似地，人类为了抗紫外线，也会使用一些亲肤防晒霜。最常见的防晒霜成分为二氧化钛、氧化锌，二氧化钛可以阻断中波紫外线对肌肤的伤害，氧化锌则是屏蔽紫外线最好的成分之一，但这种防晒霜涂在皮肤上容易发白，且容易产生黏腻的感觉。

图 2-16　涂有"防晒霜"的青蛙

目前工业用抗紫外线涂料发展也很快。其主要由成膜树脂、光稳定剂（紫外线吸收剂、光屏蔽剂和自由基捕获剂）和其他助剂等组成，可以吸收和遮拦紫外线或捕获由紫外线辐射产生的自由基，防止分子断裂，使墙体表面、汽车涂层、外包装材料等具有一定的抗紫外线性、耐老化性和耐候性（图 2-17）。墨西哥国立自治大学的科研人员研制出了一种涂料，能吸收太阳光中 98% 的紫外线，有助于延长金属和其他材料的使用期。试验证明，涂有这种涂料的槽型白铁皮屋顶，使用期能延长 10 年。

然而，目前的抗紫外线涂料稳定性能普遍不佳，长期使用时随着吸收剂分子的分解和挥发，产品抗紫外线能力下降，难以长期保持高抗光氧化性，而且会随着吸收剂的分解产生一定的毒性，因此改性抗紫外线涂料的发展成为必要。中国石油天然气集团有限公司的韩文礼等使用含氢硅油对 4- 丙烯氧基 -2-羟基二苯甲酮进行改性，得到了一种新型的紫外线吸收剂，然后按比例将丙烯酸树脂、紫外线吸收剂和固化剂混合，制成一种防腐蚀抗紫外线涂料。其对波长 240 ~ 400 纳米的紫外线有良好的吸收作用，可用于光照强烈地区的管线、

图 2-17　涂覆有防紫外线涂料的屋顶

储罐、钢结构等表面防腐蚀。在过去的十几年里，抗紫外线涂料已经进入了飞速发展的阶段，但如何制造低成本、绿色环保且高吸收率的抗紫外线涂料仍是人们追求的目标（图 2-18）。

图 2-18　汽车的防紫外线膜和户外涂覆防紫外线涂料的桌凳

　　一般情况下，阳光中的紫外线的辐射会导致大多数聚合物老化，但对聚偏二氟乙烯（PVDF）产生的损伤极小。PVDF 主要是偏氟乙烯均聚物或者偏氟乙烯与其他少量含氟乙烯基单体的共聚物，兼具氟树脂和通用树脂的特性，除了具有良好的耐化学腐蚀性、耐高温性、耐候性、耐辐射性能外，还具有压电性、介电性、热电性等特殊性能。PVDF 膜材也容易加工，并且性价比高、制作周期短、施工速度快，同时不易发生表面缺陷，经过工艺及材料的不断改进，其耐紫外老化性能得到进一步提高。在自然气候下，其薄膜制品即使在室外暴露 3000 小时（图 2-19），力学性能下降也不明显，并且会有少量交联，使聚合物的抗拉强度增大，伸长率略有下降。涂有 PVDF 的大型高层建筑，可承受 30 年的紫外线和风雨侵蚀，不污染、不开裂、不老化。

图 2-19　聚偏二氟乙烯粒料与使用聚偏二氟乙烯制成的遮阳棚

　　PVDF 树脂于 1961 年首次由美国 Pennwalt 公司实现商品化，其后不断发展，产能规模也在不断扩大。美国的 DuPont、3M 公司，日本的大金化工、旭硝子株式会社，欧洲的 Solvay 等，都拥有 PVDF 产品从原料到销售的全产业链。前几年中国投资建立独资和合资的氟树脂企业，都是以 PVDF 树脂的初次加工、二次加工为主，尚未能做到完全独立生产。由于 PVDF 树脂及单体生产技术比较敏感，上海三爱富、山东东岳、浙江巨化、四川中化晨光、江苏梅兰等为代表的若干 PVDF 生产企业，目前正朝着提升产品质量，发展更多可熔融加工氟树脂和其他产品的方向努力。尽管国内 PVDF 薄膜总体产能已达到约 9 万吨 / 年，但是技术含量较高的可熔融加工氟树脂和其他副产品所占比重同国外相比仍较低。

　　抗紫外线涂料可应用于很多领域，开发研究也受到了极大的关注，但其还存在些许不足，如长期稳定性能有待提高、高抗光氧化性有待改进等，但愿有一天，我们能不再惧怕来自紫外线的危害[15]。

2.2.2　直面高能射线

▷ ➊ "X" 的力量

　　在第 70 届柏林国际电影节上，由柬埔寨导演潘礼德执导的纪录片《辐射》荣获最佳纪录片单元奖，也使得这部纪录片更加被人们所熟知。潘礼德的作品《辐射》聚焦人类灾难，如广岛核爆炸、福岛核泄漏等，用影像装置艺术、融媒体艺术将 "辐射" 二字进行重构与升级，也让人们重新思考辐射与人类生活和科技发展的千丝万缕的联系。

　　辐射指的是能量以波或是次原子粒子移动的形态传送，其能量是从辐射源向外所有方向直线放射。自然界中的一切物体，只要温度在热力学温度零度（约零下 273.15 摄氏度）以上，都以电磁波的形式不停地向外传送能量，这种传送能量的方式被称为热辐射。辐射主要包括电离辐射和非电离辐射。一般而言，电离辐射使物质中的原子形成自由电子和离子的一类辐射。电离辐射主要包括 α 射线、β 射线、γ 射线、X 射线、中子辐射等。非电离辐射产生的能量较电离辐射弱，它不会电离物质，而会改变分子或原子的旋转、振动或价层电子轨态，红外线、紫外线、微波和激光等属于非电离辐射。

　　在这里我们要重点关注一种特别的辐射——X 射线，它是一种频率极高、波长极短、能量很大的电磁波，由德国物理学家伦琴（图 2-20）于 1895 年 11 月 8 日发现。他在一次实验中，为避免紫外线与可见光干扰，用黑色硬纸板将放电管密封严实，接通高压电流后，竟发现 1 米外涂有氰化铂酸钡的荧光屏发出微弱的浅绿色闪光，断电则闪光立刻消失。他反复试验，把荧光屏移动至 2 米处，荧光依旧较强。他甚至带着这张涂料纸走进隔壁房间，关门拉帘后，只要放电管工作，荧光屏就持续发光，这一现象让他颇为惊奇。为了排除视力的错觉，他又利用感光板把在光屏上观察到的现象记录下来。1895 年 12 月 22 日晚上，伦琴说服他的夫人充当实验对象，当她将手放在荧光屏后时，荧光屏上显示出一幅只有戒指和骨骼清晰可见的影像。伦琴确信自己发现了一种新的神秘射线，1895 年 12 月 28 日，他给维尔茨堡物理学医学学会递交了一份题目为《一种新的射线，初步报告》的报告。那时的伦琴对这种射线是什么确实不了解，于是他在这份报告中用代数中的未知数符号"X"对这一射线进行了命名。这也是人类首次发现 X 射线。

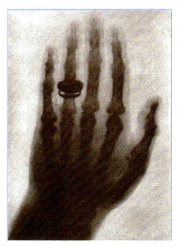

图 2-20　威廉·康拉德·伦琴（德语：**Wilhelm Conrad Röntgen**，1845 年 3 月 27 日—1923 年 2 月 10 日）与伦琴夫人的手部 X 光影像

　　X 射线的发现给人类带来了极大的便利，我们所最为熟知的便是其在医疗方面的应用，如胸透或 CT（计算机断层扫描）。通过 X 光我们可以清晰地了解人类身体内部构造情况，这一切都是由于 X 射线能透过很多不透光物体的特性，而且这种检查是无创性的。

　　X 射线在给人类带来极大便利的同时，它的高能量、高穿透性以及高的电离作用也给人类带来了不小的伤害。X 射线的电离辐射对人体是有损伤的，接触射线的时间越长、距离越近，致病的危险性就越大，而且 X 射线的辐射剂量可以使血液中白细胞的数量减少，进而导致机体免疫功能下降，发生多种疾病，胎儿和儿童对 X 射线尤其敏感。这就要求人们去思考在日常生活和实际生产应用当中，如何避免 X 射线给人体带来危害。

　　由于 X 射线常用于医院放射科，因此射线检测人员应做好外照射的辐射防护，使辐射剂量保持在较低的水平。此外还应采取屏蔽防护和距离防护措施。屏蔽防护是指使用原子序数较大的物质作为屏障，以吸收不必要的 X 射线，常用的表面屏蔽材料是铅板和混凝土墙，或者是钡水泥（添加有硫酸钡，也称重晶石粉末的水泥）墙。此外，一些防辐射无机、有机铅玻璃表面也可用于屏蔽 X 射线，它们是在玻璃的制造过程中加入高原子序数的重金属氧化物（如 $PbO \cdot BaO \cdot Bi_2O_3D$ 等），或者引入有机氧化铅的透明屏蔽材料（主要原料由甲基丙烯酸、甲基丙烯酸甲酯和氧化铅混合体构成），以及在普通玻璃纤维增强材料的基础上，加入铅、钡等的氧化物、硫化物及钨、钢、钴等金属元素作为防辐射成分而形成的玻璃钢类复合防护表面材料。这类防护表面在 X 射线屏蔽方面发挥了巨大作用（图 2-21）。

图 2-21　放射科厚重的屏蔽门

但在实际生活中，当需要进入某些 X 射线辐射量过高的特殊场合时，我们就必须要考虑 X 射线防护材料的轻便性和实用性。目前在防 X 射线表面材料这一领域，应用最多的就是 X 射线防护服，其最早使用的是铅板、铁板等金属材料，但这类防护服质量大，人体长期负重会对肌肉骨骼等产生很大损伤，因此人们开始探寻轻质且有效的辐射屏蔽材料。早期的苏联科技工作者用硫酸钠溶液处理聚丙烯腈织物，再用醋酸铅溶液处理一遍，制作轻便的防 X 射线织物。随着复合纺丝技术的发展，人们发现将铅电解熔融后在喷丝孔中挤出并拉伸成铅纤维制成的防 X 射线表面材料，透气性和屏蔽性能均较理想。该种方法很快被应用于防辐射材料的研制，以聚合物和氧化铅等微粉为主要原料，在分散剂作用下，通过熔融或溶液纺丝技术制成防辐射纤维，再用机织或非机织技术制成防 X 射线面料。同时人们也发现由于小尺寸效应显著、比表面积很大，纳米材料可以分散在高分子聚合物中制备纳米级别的 X 射线屏蔽表面材料，目前应用最多的主要有树脂 / 纳米铅和树脂 / 纳米硫酸铅材料。

当前，随着人们生态环保意识的增强，用新的技术与材料代替有毒性的铅及其部分化合物（如氧化铅）来制造新一代防 X 射线表面材料成为研究的热点。我国有学者用光子晶体层作为 X 射线的屏蔽材料，将 14 层 Ge 介质和 14 层 BaF_2 介质相互交替叠加，调整参数使 X 射线波长能够在设计的复合一维晶体禁带范围内。该种材料对 X 射线的最高反射率达 100%，平均反射率可在 95% 以上。美国一家公司开发出改进聚乙烯和聚氯乙烯性能的方法，聚氯乙烯经过特殊的工艺处理，基体呈现出类似于重金属的电子结构，产生一种电子共振作用使之可以吸收 X 射线辐射。该种材料制得的表面织物质量是传统铅织物的 1/5，对 X 射线的防护效果优异。上述屏蔽 X 射线表面的研究表明一些具有高反射率、高吸收率的物质也可以给屏蔽材料的研制带来新的思路。此外，还有学者研究将稀土元素、超导体、半导体材料应用于 X 射线屏蔽表面的研发。

▶▶ 2. 可怕的 "γ"

前文提到的 X 射线能量已经相当高了，而 γ 射线的能量比 X 射线更高。γ 射线同样是电磁波的一种，它的波长比 X 射线要短，所以具有比 X 射线更强的穿透能力。γ 射线首先由法国科学家 P.V. 维拉德发现，放射性原子核在发生 α 衰变、β 衰变后产生的新核往往处于高能量级，要向低能级跃迁，从而辐射出 γ 光子。原子核衰变和核反应均可产生 γ 射线。其为波长短于 0.2 埃的电磁波。在太空中有大量的高能 γ 射线存在，1967 年，一颗名为"维拉号"的人造卫星首次观测到太空中的 γ 射线。在地球上，核爆、核电站泄漏也可产生高辐射剂量的 γ 射线。

医学成像是 γ 射线在现实生活中的突出应用之一。它利用注射到患者体内的各种微小放射性示踪剂，示踪剂发出的高能 γ 辐射随后被扫描机器中的 γ 照相机检测到，并获得生物内部器官和结构的清晰图像。γ 射线还可用于矿产勘探、采矿和元素研究，可获得某些矿物的核心结构。但 γ 射线对人类的危害也不容忽视。由于其具有极强的穿透本领，γ 射线照射人体时可以进入人体的内部，并与体内细胞发生电离作用，电离产生的离子能侵蚀复杂的有机分子，如蛋白质、核酸等，导致人体内的正常化学过程受到干扰，严重的可以使细胞死亡。这其中最广为人知的就是切尔诺贝利核电站爆炸事故。1986 年 4 月 26 日当地时间凌晨 1 点23 分，位于乌克兰的切尔诺贝利核能发电厂（图 2-22）发生严重泄漏及爆炸事故。爆炸释放出大量的高能射线，导致 31 人当场死亡，上万人由于放射性物质远期影响而丧生或重病，在 1986 ～ 1996 年期间，一直有放射线导致的畸形胎儿的出生。此事故引起大众对核电厂安全性以及高能射线屏蔽与防护的关注，尤其是能量更高的 γ 射线。

图 2-22　切尔诺贝利核电站与核爆炸

在实际生产应用中，最常见的防护 γ 射线的材料有铅板、复合防护涂料、铅砖、铅丝等。如图 2-23 中的防空洞使用了含铅墙面涂料。铅对 γ 射线的屏蔽性能虽然优异，但有毒性，随着近年来人们的环保与健康意识越来越强烈，不少无铅 γ 射线表面屏蔽材料被研发出来。研究者们发现天然海泡石矿

图 2-23　躲避核战争的防空洞

物（主要成分为氢硅酸镁）对 γ 射线具有较好的屏蔽性能。还有研究者制备了硼酸铋纳米粒子，发现这种纳米粒子对低能 γ 射线的衰减系数更大，同时片状硼酸铋纳米粉体对 γ 射线的屏蔽性能要优于颗粒状硼酸铋纳米粉体。有研究人员探索将单层材料屏蔽改为多层材料协同屏蔽，发现表面复合材料层数对 γ 射线屏蔽性能影响效果显著，材料层数越多，粒子碰撞概率更大，透过率更低。根据辐射环境选择合适的屏蔽元素，并对屏蔽材料的结构进行优化设计，不仅能有针对性地提高辐射防护效率，还可以对次级射线进行有效的防护。

目前关于防 γ 射线表面材料的前沿尖端研究一大方向是含铅涂层，使用金属或聚合物涂层可以使铅的毒性降低。金属涂层优于有机聚合物涂层，因为它们相对更耐辐射损伤和磨损，但聚合物涂层能够应用在更多的场合。在有机物防护这一方面，将掺入了铅、铋、钆、钨等不同纳米金属粉末的环氧涂料涂覆在物体表面并形成一定厚度，能够使 γ 射线穿过涂层时逐渐衰减。研究发现由 15% 纳米三氧化钨和 85% 纳米二氧化锡组成的环氧漆基体层无毒、耐侵蚀、质量轻，可广泛应用于设备和墙体，替代传统的铅板作为 γ 射线屏蔽；在环氧基体中加入石墨纳米纤维，对 γ 射线也具有较好的屏蔽能力。与铅相比，这些复合材料的有效密度较低，但在某些特定的场所仍能提供足够的防护。为了解决有效密度较低的问题，一些研究者利用工业废料（含有赤泥和含钡添加剂）制备了 γ 射线屏蔽表面。透光率高的碲酸盐玻璃具有无毒、高密度、高折射率和高耐化学性等特性，作为屏蔽辐射表面也能够应用于多种 γ 射线环境。

2.2.3 对抗强大的空间粒子

▶▶ **1. 顽皮的原子氧**

从 2021 年 4 月 29 日天和核心舱发射升空，到 2022 年 11 月 1 日梦天实验舱的对接成功，短短 19 个月的时间，"天宫"空间站（图 2-24）已经全面完成"T"字基本构型建设，而中国空间站的故事仍在继续。中国空间站运行在约 400 千米高度的轨道上，复杂的空间环境时时影响着空间站和航天员的在轨生活，为应对这些挑战，科技工作者们付出了大量心血。

中国航天科技集团五院空间站空间环境主管设计师呼延奇提到，原子氧会使空间站表面材料发生氧化、腐蚀，尤其是我们的空间站在轨寿命可能达到10～15年，因此随着时间推移，原子氧对表面材料的腐蚀效应还是非常明显的。太空中的辐射（比如带电粒子和紫外线），在没有大气层保护的空间环境中也会变得十分强烈，影响着航天器元器件、材料和航天员。此外，在 400 千米的轨道上，一些极高能粒子的数量和紫外线辐射量都要比地面高得多，会导致空间站舱体的老化加快。因此在设计阶段研究人员就针对空间站舱体表面抗辐射的能力进行了大量的研究，以保证它拥有 15 年或 20 年的寿命期[16]。

图 2-24　"天宫"空间站

空间站环境具有气压极低、温差大以及气体中各类原子或者分子密度低的特点；除中性气体外，空间中还存在各类型的带电粒子以及复杂的电磁辐射效应。空间站以约 90 分钟 / 圈的速度绕地球飞行，从地影区到日照区最高温差接近 300 摄氏度，必须进行有效的隔热和冷却防护。并且，随着轨道高度增加，大气越来越稀薄，到了空间站运行的距地面 400 千米高度，气压已经下降到 10^{-5} 帕，比地面要小 10 个数量级。尽管大气非常稀薄，但残余的大气分子依然存在，其中一个主要成分就是原子氧，它们是空间氧分子在太阳射线的作用下分解而成的。原子氧在空间本来是比较稳定的，但它们在同运动速度约为 29000 千米 / 时的航天器相撞时，剥蚀作用便大大增强[17]。

由于航天器的轨道速度很快，因而撞击航天器的原子氧通量很高，高平均动能的原子氧与航天器表面发生剧烈碰撞从而加剧物质表面的剥蚀氧化，发生化学反应而变质。同时太阳紫外辐射给航天器表面材料的化学键提供能量，也提高了原子氧与表面材料的反应能力。美国 NASA-Johnson 中心 Legar 指出，LEO 环境（距离地面 200 ～ 600 千米的低地球轨道空间，是对地观测卫星、气象卫星、空间站等航天器的主要运行区域）原子氧对航天器表面材料的影响可能比紫外辐射和热真空更严重。科学家们发现，仅仅 5 天的轨道飞行，便使航天飞机货舱中的电视摄像机护罩发生严重剥蚀,厚度减小了30%,如飞行时间超过15天,该护罩可能会完全被毁坏。因此,空间站想要在轨道上拥有更长的使用寿命,必须具备特殊的材料和外涂层,甚至需要特殊的润滑剂。

为解决原子氧的剥蚀问题,马丁·马里埃塔公司已研制出一种原子氧模拟系统,它可用来分析原子氧的危害,以找出最耐剥蚀的材料。此外,原子氧与VUV(真空紫外辐射)之间存在强烈的耦合效应也是加速航天材料腐蚀的一个重大因素。所以为了保证航天材料使用的耐久性和安全性,必须研制和开发各类涂层。

常见的LEO空间原子氧防护涂层体系使用的既有无机物也有有机物。有机涂层的研究较多。以玄武岩和芳纶(芳香族聚酰胺纤维)为主体的空间站外防护壳在抗原子氧剥蚀上具有一定的保护作用。原子氧轰击时,无机涂层表面会生成具有保护性的惰性气体或是稳定的氧化物,较好地抵抗原子氧的侵蚀。但是无机涂层易产生裂纹并剥落,使得其防护性能大大降低。有机涂层主要是指含有硅元素的有机硅树脂涂层和氟树脂涂层,由于成本低和适用性广,应用也颇多。但其不耐LEO中的紫外辐射,所以耐久性不佳。研究表明,将无机和有机材料结合起来,通过合理调节二者的比例可以得到综合性能比较好的杂化涂层。碳纤维/环氧树脂(CF/EP)复合涂层就是其中的一种,它能够提高在LEO环境中暴露的各类设备或器件的耐蚀性[18]。

石墨烯具有独特的化学惰性、热化学稳定性、高机械强度和离子扩散不渗透性等,是制备金属腐蚀防护涂层的理想材料,将其加入防护涂层中可对原子氧起到较好的屏蔽作用。但石墨烯在空间原子氧防护涂层中的应用仍以试验研究为主,其作用机制的研究也有待进一步深入,特别是原子氧侵蚀对石墨烯膜物理性能的影响。尽管高昂的价格在一定程度上限制了石墨烯的市场化应用,但随着生产工艺的进步和科研技术水平的不断提升,石墨烯的生产成本势必会降低,石墨烯材料在空间原子氧防护涂层中的应用也会逐渐迈向工业化[19]。

▶▶ 2. 来自宇宙深处的能量

高能宇宙射线,这个名称听起来就让人感觉危险重重(图2-25),宇宙射线是一种由电子、质子或者重元素离子等构成的,以近于光速行进的微粒子。它们来自宇宙运动过程中恒星的碰撞、超新星的爆发、黑洞的吞噬等,可以说是离开了地球磁场保护的宇航员的致命杀手。宇宙射线能够破坏细胞DNA,甚至可能会诱导细胞癌变。外层空间的宇宙射线要比在近地轨道严重得多,所以航天器外壳和宇航服必须尽可能吸收和屏蔽宇宙射线。

美国宇航局曾提出含有高比例氢原子材料是阻断高能宇宙射线的最好物质,聚乙烯就是其中的一种,因为其中碳原子和氢原子的比例为1∶2。但要想完全

图 2-25　宇宙射线对地球产生影响

阻断宇宙射线，防护层的厚度将达到几米，这对航天器外壳或者宇航服来说是不可能的。一些科学家发现，抗氧化剂如维生素 C 和维生素 A 可以减轻宇宙射线对人体的危害，但其对高能宇宙射线却无能为力。同时，人们也在研究如何标记受损的细胞，让其自动结束生命。研究人员认为，当一个细胞进行分裂增殖的时候，有时会停止分裂检查基因是否受到损伤，并对受损的基因进行修复。有点像我们写一道复杂的数学题，写到一定步骤时会回过头检查一下自己算错没有，以防前功尽弃。如果用药品来延长细胞分裂过程中的这种"检查"，那么细胞就会有充足的时间来修复受损的基因。而这一过程相对于宇宙射线破坏细胞结构是非常快的，这样就能最大限度地减小宇宙射线对人体的影响了[20-23]。

参 考 文 献

[1]　孙小舟．浅析金属腐蚀的防护技术．当代化工研究，2022，（7）：123-125.

[2]　Matějovský L，Staš M，Dumská K，et al. Electrochemical corrosion tests in an environment of low-conductive ethanol-gasoline blends. Journal of Electroanalytical Chemistry，2021，880：114879.

[3]　Jiang G Q，Zhou J Z，Jiang Z W，et al. Regulation mechanism of *in situ* synthesized（Nb，Ta）C/Ni composite cladding coatings by laser shock peening：Microstructure evolution and electrochemical corrosion behavior. Ceramics International，2023，49（1）：722-735.

[4] Zhang M L，Liu Q，Chen R R，et al. Lubricant-infused coating by double-layer ZnO on aluminium and its anti-corrosion performance. Journal of Alloys and Compounds，2018，764：730-737.

[5] Leal D A，Riegel-Vidotti I C，Ferreira M G S，et al. Smart coating based on double stimuli-responsive microcapsules containing linseed oil and benzotriazole for active corrosion protection. Corrosion Science，2018，130：56-63.

[6] 吴珏斐. 金属防腐技术研究. 世界有色金属，2021，（15）：190-191.

[7] Hsissou R. Review on epoxy polymers and its composites as a potential anticorrosive coatings for carbon steel in 3.5% NaCl solution：computational approaches. Journal of Molecular Liquids，2021，336：116307.

[8] Ning Y J，Jian D H，Liu S Q. Designing a $Ti_3C_2T_x$ MXene with long-term antioxidant stability for high-performance anti-corrosion coatings. Carbon，2023，202：20-30.

[9] Zheng Z Y，Li H P，Li F J，et al. An efficient PDA/Al_2O_3 nanosheets reinforced ultra-thin ZrO_2 coating with attractive anti-corrosion and deuterium resistance property. Chemical Engineering Journal，2022，450：138307.

[10] Zhang H F，Zhu A N，Liu L X，et al. Assessing the effects of ultraviolet radiation，residential greenness and air pollution on vitamin D levels：a longitudinal cohort study in China. Environment International，2022，169：107523.

[11] Fan X，Sun M D，Li Z，et al. Tuning piezoelectric properties of P（VDF-TFE）films for sensor application. Reactive and Functional Polymers，2022，180：105391.

[12] Peymanfar R，Yektaei M，Javanshir S，et al. Regulating the energy band-gap，UV-Vis light absorption，electrical conductivity，microwave absorption，and electromagnetic shielding effectiveness by modulating doping agent. Polymer，2020，209：122981.

[13] 张婉婉. 织物抗紫外线整理的研究 // 中国纺织工程学会. 2014 全国染整可持续发展技术交流会论文集，2014：281-285.

[14] Attar R M S，Alshareef M，Snari R M，et al. Development of novel photoluminescent fibers from recycled polyester waste using plasma-assisted dyeing toward ultraviolet sensing and protective textiles. Journal of Materials Research and Technology，2022，21：1630-1642.

[15] 高倩，杨培凤，胡卫雅，等. 抗紫外线涂料研究进展. 化工生产与技术，2011，18（2）：33-37.

[16] 咸奎成，王治易，张雷，等. 空间站核心舱柔性太阳翼设计与验证. 上海航天（中英文），2022，39（S2）：32-36.

[17] 许文彬，刘子仙，杜涵，等. 空间站柔性基板原子氧防护技术和评价方法. 上海航天（中英文），2022，39（S2）：52-56，78.

[18] Li G H，Liu X，Li T. Effects of low earth orbit environments on atomic oxygen undercutting of spacecraft polymer films. Composites Part B：Engineering，2013，44（1）：60-66.

[19] 陈建华，李文戈，赵远涛，等. 石墨烯在防腐防污涂料中的应用进展. 表面技术，2019，48（6）：89-97.

[20] 江洪，彭导琦. 先进复合材料在航天航空器中的应用. 新材料产业，2022，（1）：2-7.

[21] Liu T，Huang L，Wang X H，et al. Multifunctional $Nd_2O_3/CNFs$ composite for microwave absorption and anti-corrosion applications. ACS Applied Electronic Materials，2022，4（10）：4982-4995.

[22] Zhu D M，Lin H T，Mathur S，et al. Advanced Ceramic Coatings and Interfaces. New York：John Wiley & Sons，Inc.，2010.

[23] Mittal K L. Advances in Contact Angle，Wettability and Adhesion，Volume I. Texas：Scrivener Publishing LLC，2010.

3.1 百折不挠

3.1.1 追求耐磨永不止步

▶▶ **1. 万物间的摩擦**

我们日常生活中做的那些习以为常的事情，如走路和奔跑、吃饭时用筷子夹菜、驾驶汽车在马路上行驶……背后都有着一种现象的身影，它就是摩擦。摩擦无处不在，并时时刻刻伴随着我们。如果这个世界没有了摩擦，那将会一团糟。但是，在使用机械设备时，我们希望机械内部摩擦越小越好，以减少磨损，提高机械使用寿命；而在严寒天气地面结冰的情况下，人们又希望摩擦大一点，这样才能尽可能避免交通事故的发生。正因如此，在人类眼中，摩擦既是天使，也是魔鬼，我们对它可谓是又爱又恨。

图 3-1 钻木取火

在远古时期，河南商丘一带是一片森林，有一位圣人从鸟啄燧木出现火花受到启示，就折下燧木枝，钻木取火（图 3-1），他把这种方法教给了人们，人类从此学会了人工取火，用火烤制食物、照明、取暖、冶炼等，生活也迈入了一个新的阶段，人们称这位圣人为燧人氏，奉他为"三皇"之首。公元前约 2560 年，古埃及人在建造金字塔时发现即使集多人之力，也难以推动一些巨石（说明物体在静止时仍具有摩擦），他们在石头下方放置多根木头后再去推，惊奇地发现原本多人合力都推不动的大石，现在仅需一两个人就行。这说明了在相同情况下滚动摩擦会比滑动摩擦小一些。

随着现代科技的进步，人们逐渐发现摩擦在给机械带来动力的同时，也会造成能量的耗散和设备的磨损，因此，如何合理科学地利用摩擦变成了人们研究的一项重点。时至今日，人们对摩擦的研究已经相当成熟，不少关于摩擦的著作和文献中已经阐明了摩擦产生的微观机制。黏附学说认为，物体表面看起来再光滑，其原子结构上仍是粗糙的，有着许多微小的凸起，这样两块平面接触后，凸出的原子由于相互吸引而黏附到一起，此时如果想让其发生相对运动，必须施加一个力来克服原子（分子）之间的相互吸引力，剪断实际接触区产生的接点，这就产生了摩擦。而凹凸啮合学说（图3-2）认为，两种物体接触并发生挤压时，接触面上许多凹凸部分发生机械啮合，若两者发生相对运动，两接触面的凸起部分相互碰

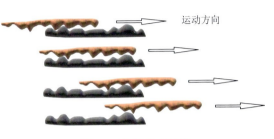

运动方向

图 3-2 凹凸啮合学说

撞发生断裂、磨损，进而产生摩擦。以上两种学说没有谁对谁错之分，只是在不同的条件下影响程度不同，比如对于木材之间的摩擦明显使用凹凸啮合学说解释更为准确，而金属材料之间的摩擦则更适合用黏附学说解释。

通过对摩擦微观机制的研究，人们已经对摩擦有了深刻的认识，并将其应用到了实践中。如通过制造高强度玻璃使得手机屏幕更耐磨，有效减少表面划痕；或研制出具有高效润滑性能的润滑油用于机械中，减少轴承之间的摩擦，延长机械使用寿命等。让我们一起走入摩擦的世界，看看人类与摩擦"相爱相杀"的故事……

▶▶ **2. 不可小觑的耐磨**

摩擦渗透进我们生活的方方面面，任何材料在长期使用后都会因为摩擦的存在而发生不同程度的表面磨损。正因如此，人们迫切需要发现甚至发明一些具有良好表面耐磨性能的材料。到目前为止，生活中耐磨表面已是随处可见：大到火箭表面能在高速飞行中与空气剧烈摩擦而毫发无损，小到手机表面在刀具刮擦下而不留划痕，可以说，耐磨表面已经融入我们的生活，如耐磨地面（图3-3）。不仅切实提高了人们的生活水平，而且给人们向上探索天空、向下遨游深海提供了无限可能。

但耐磨表面的发展从来都不是一帆风顺的，以我们生活中随处可见的水泥为例，1756 年，英国工程师 J. 斯米顿在研究某些石灰在水中的硬化特性时发现了一个现象：要获得水硬性石灰，必须采用含有黏土的石灰石来烧制，这为近代水泥的研制和发展奠定了理论基础。第一款真正意义上的水泥是 1796 年由英国人 J. 帕克用泥灰岩烧制出来的，外观呈灰色，后来人们又陆续开发出了不同配方的水泥。但是早期的水泥都有一个通病：在长期使用后，表面会因为磨损而发生开裂、粉化起灰等，极大地影响了水泥建筑和水泥路面的使用寿命。这一问题困扰了人们许久，直到 1824 年，英国建筑工人 J. 阿斯普汀用石灰石和黏土作为原料，按一定比例混合后，在类似于烧石灰的立窑内煅烧成熟料，再经磨细制成水泥。这种水泥因颜色与英格兰岛上波特兰地区用于建筑的石头相似，而被命名为

图 3-3　耐磨地面

波特兰水泥。波特兰水泥的出现具有跨时代的意义，它近乎完美地解决了早期水泥表面耐磨性不佳的问题，在建筑行业有着极好的应用前景，甚至到今天，波特兰水泥仍是生产生活中应用最为广泛的一种水泥。在波特兰水泥出现之后，人类制备水泥的工艺基本趋于成熟，此后对水泥的研究则是通过在其中掺入其他物质来实现我们所需要的功能。例如近年来人们通过在配制水泥时加入一定量的碳纤维，极大程度地提高了水泥表面的耐磨性能。

　　从水泥表面因磨损而引起开裂、粉化、起灰等问题的解决可以窥见，人类很注重材料表面耐磨性能，甚至于 2001 年日本文部科学省科学技术与学术政策研究所发布的第七次技术预测研究报告中，列出了影响未来的 100 项重要课题，一半以上都是新材料或依赖新材料发展的课题，其中绝大部分都是耐磨或耐久材料。人类为何如此重视材料表面的耐磨性能？如果没有耐磨性又会怎样呢？前文提到硬化的水泥如果表面缺乏耐磨性会导致建筑物墙体、路面等发生开裂等现象，威胁人们的生命安全；在汽车工业中，如果用于制造刹车片的材料表面耐磨性不强，那么刹车在使用一段时间后便可能会失灵，存在极大的安全隐患；在航天工业中，如果用于制造火箭表面的材料耐磨性不佳，那么火箭在高速升空的过程中很可能会因为和空气的摩擦而起火甚至爆燃，几十亿的经费和数以千计的科研人员的努力会在短时间内化为泡影，诸如此类的例子数不胜数。

　　既然材料表面缺乏耐磨性会导致一系列严重后果，那我们该如何提高材料表面的耐磨性能呢？古人云："知己知彼，方能百战不殆。"因此，我们先要搞清楚耐磨表面是如何构成的和为什么会耐磨这两个关键问题，在后文会详尽地回答这两个问题。

3.1.2 如此坚硬

说到坚硬表面，人们可能会想到有着极高强度的材料——金刚石、合金钢、钛合金等。诚然，上述材料确实十分坚硬，但日常生活中材料表面的坚硬可能比材料整体的坚硬更让我们关注。以现代人不可或缺的手机为例，在长期使用过程中，手机断裂的案例少之又少，而表面那一道道细小的划痕却屡见不鲜，极大地影响了手机的美观和屏幕的观感。此外，任何材料暴露在空气中发生老化，都是从表面开始逐渐延伸到内部的。可见，有一个坚硬的表面是多么重要。本节将介绍人们在提升材料表面抗划痕和耐磨能力上所做的一些研究工作。

▶▶ **1. 纳米粒子也疯狂**

自 20 世纪中叶起，纳米材料便吸引了广大科研工作者的目光。在提高材料表面耐磨性这件事上，科学家们发现了纳米二氧化硅这种材料（图 3-4）。纳米级二氧化硅为无定形白色粉末，无毒、无味，微结构为球形，呈絮状和网状的颗粒结构，分子式为 SiO_2。其尺寸范围在 $1 \sim 100$ 纳米，具有许多独特的性质，如抗紫外线性能和耐化学腐蚀性能，同时还能提高其他材料的抗老化性能、强度和耐化学腐蚀性能，在添加剂、橡胶、塑料、纤维、彩色打印、军事材料、生物技术等领域有着广泛的应用。将常规 SiO_2 作为补强添加剂加到塑料中，其透光性高、粒度小的特征可以使塑料变得更加致密。而纳米 SiO_2 的作用不仅仅是补强，它还具有许多新的特性，如将纳米 SiO_2 添加到半透明的塑料薄膜中，不但能提高薄膜的透明度、强度、韧性，还能提高其防水性能。

图 **3-4** 二氧化硅纳米粒子粉末与微观形貌

随着汽车在其首次和二次（转售）生命周期中的寿命要求显著提高，人们对其耐刮擦和耐磨损等特性的要求逐渐提高。巴斯夫公司开发出了 Irgasurf 塑料表面添加剂（其重要成分之一就是纳米 SiO_2），该添加剂可有效地提高汽车零部件（例如仪表板和车门板以及控制面板等）的耐刮擦性能。原因是这种添加剂降低了材料表面的摩擦系数，增强了材料的弹性，使刮痕底部更加平坦，肩脊更低，从而减轻材料被破坏的程度，减弱刮擦痕迹的视觉效果。将拥有着这种性能的 Irgasurf 添加剂加入到塑料当中，就可以取代其他昂贵的聚合物，同时提高了材料的加工稳定性，减少材料在生产过程的损耗，这不仅提高了生产效率还极大地降低了成本，使其具有显著的商业价值。

▶▶ 2. 顽强的高分子

在人们的传统认知中，高分子聚合物往往和质地较软、易变形、易留划痕等相联系。事实上，早期的高分子聚合物确实有着上述缺点，但随着对高聚物认知的逐渐深入，人们渐渐发现了高聚物也可以很坚硬。

高分子聚合物是由千百个原子以共价键相互连接而成的，虽然它们的相对分子质量很大，但都是以简单的结构单元和重复的方式连接的。科学家们在研究中发现，在组成高聚物的大量简单结构单元（基团）中，有部分基团为高聚物提供强度，它们被统称为刚性基团，常见的刚性基团主要有苯环基团及酚、联苯、萘等含有苯环的基团。要想提高高聚物的表面耐磨性，可以考虑适当提高其中刚性基团的比例。但是提高刚性基团比例的操作难度略大，因此科研人员有时也会考虑提高高聚物的分子量来提升其整体强度进而促进表面耐磨性的提升。高分子常给人"软"的印象就是因为连接各个基团的分子链很容易发生运动，提高分子量增加了分子链之间相互缠绕的机会，缠绕后的分子基团便难以运动。

现在科研人员已经研发出了一种分子量可以高达百万的高分子化合物，可想而知，拥有如此庞大分子量的高聚物其表面耐磨性必然十分优秀，这种聚合物也被广泛用于制备各种涂层材料。这种聚合物就是聚乙烯树脂（简称PE，图3-5），

图3-5 超高分子量聚乙烯耐磨板、耐磨齿轮、耐磨托辊

目前聚乙烯树脂已占到了塑料总产量的 30%，但它也有自身的缺陷，就是耐高温能力不强，高温条件下容易老化。

前文所提到的通过添加剂来提升材料表面耐磨性的方法其实并不是塑造耐磨表面的主流方案，最为常见的是在材料表面喷涂上一层涂层（主要组分就是高聚物树脂），而且涂层往往在赋予材料表面耐磨性的同时还会附带一些额外特性（如抗腐蚀、超疏水等）。济南大学刘玉东团队[1]介绍了一种通过点击化学制备高耐磨涂层的方法，点击化学的优势在于反应温和、快速、可控。此实验首次采用点击化学法将硅烷化二氧化硅嵌入聚合物表面，使其具有良好的耐磨性、优异的耐老化性能和耐盐雾腐蚀性能。该实验使用的橡胶具有优异的耐老化性能，是轮胎胎面和船用橡胶制品的首选材料。

▶▶ **3. 金属陶瓷**

第 2 章中提到了碳化物、氮化物、硼化物、氧化物（如氧化铬、氧化钛、氧化锆等）涂层表面有着很好的耐腐蚀性能，事实上，它们的能力远不止于此。现有研究发现，上述几种特殊化合物制备的涂层表面还具备很好的表面耐磨性（图 3-6）。现在科研人员已经将这几类化合物综合起来添加到传统金属涂层或陶瓷涂层中，制造出了超硬涂层，目前能够满足"超硬"这个标准的材料有金刚石、类金刚石（DLC）、立方氮化硼（CBN）、碳化氮（C_3N_4）等。利用物理气相沉积（physical vapor deposition，PVD）或化学气相沉积（chemical vapor deposition，CVD）法将这些材料沉积到基体表面即可获得超硬涂层，这种涂层不但具有与材料本身同样的优良特性，如极高的硬度、极低的摩擦因数、极强的耐磨和耐腐蚀性能、良好的导热和化学稳定性能等，而且实用性较材料本身更强。

图 3-6　金属陶瓷棒与碳化物金属陶瓷构件

科研人员通过将上述不同化合物加入金属涂层中已经造出了许许多多的超硬涂层，西南石油大学的何毅团队[2]将纳米CBN引入Ni-W-P合金涂层中，制成的复合涂层较Ni-W-P合金涂层更加耐磨。一方面，当摩擦介质相对于涂层表面滑动时，纳米CBN嵌入合金基体中，减少了摩擦介质与涂层表面的直接接触，同时CBN本身具有超硬耐磨性；另一方面，CBN的嵌入可以细化晶粒并形成更耐磨的涂层结构。除合金涂层外，陶瓷涂层也有着很不错的耐磨性能，使用激光熔覆（一种利用高功率、高能量密度的激光束的加工方式）对合金粉末或陶瓷粉末与基体表面迅速加热并使其熔化，光束移开后快速冷却，可形成稀释率极低、与基材结合能力强的表面涂层，显著改善基体表面的耐磨、耐蚀、耐热、抗氧化及电气特性等。北京兴油工程项目管理有限公司的陈永刚团队[3]在基材45钢表面预置金属Ni60 + WC粉末，通过试验采用不同的激光工艺参数获得不同的熔覆层，并进行参数优化。其实验结果表明Ni60 + WC激光熔覆复合涂层的耐磨性能大约是淬火45钢的7倍，是激光熔覆Ni60涂层耐磨性能的5倍。不过，这种依靠增大表面硬度来提高表面耐磨性能的方法虽然可以保护基底免受磨损，但会使整体质量有所增加，不适合飞机、汽车这一类要求轻量化制备的领域。

3.1.3　以柔克刚

为了提高材料表面的抗划痕和抗磨损能力，科学家们在提升材料表面强度上做了许多工作，但以现有的技术而言，材料表面硬度再大，在长时间的使用之后磨损也是不可避免的，因此，他们尝试从另一个角度减少磨损带来的危害。

▶▶ **1.** 永隔一江水

随着科学技术的发展，人们不再满足于传统矿物油带来的润滑效果，开始研制人工合成的润滑油（图3-7）。印度萨斯特拉大学的Mohamed Musthafa团队[4]研究了使用合成润滑油润滑对涂层发动机的好处，实验结果表明：①合成润滑油具有出色的流动特性，能够在较高温度下保持令人满意的黏度，从而减少发动机摩擦损失，提高其比油耗和制动热效率；②相比传统矿物油，合成润滑剂具有更好的化学和剪切稳定性，可以延长涂层发动机的使用寿命。中国科学院兰州物化所的胡丽天团队[5]制备出了一种具有高润滑性能的新型二元油溶性离子液体，该种液体的成功制备有望给后续合成润滑油提供一个新的设计思路。近些年来，随着纳米技术的蓬勃发展，如何将纳米技术应用于研发新型合成润滑油同样吸引了大量科研工作者的关注，印度施里马塔维什诺德维大学的Ankush Raina团队[6]尝试将金刚石纳米颗粒引入合成润滑油，发现近球形的纳米粒子有助于减少相互作用表面之间的滑动接触，并平滑微观表面，降低粗糙度，从而降低磨损损

图 3-7　润滑油能够减少器件之间的磨损

失。然而，若是添加的纳米金刚石浓度过高则会增加表面损伤，导致更多的磨损损失。

　　如今，人工合成的润滑油已经拥有庞大的市场，与传统矿物油相比，它有着更好的润滑性能、更好的低温表现以及不易燃等一系列优点，但由于其造价相对昂贵，目前还不能做到完全取代矿物油。

　　由于摩擦的机制十分复杂，因此润滑油的研究并非易事。青岛科技大学的于立岩等 [7] 认为，润滑油中纳米粒子的润滑效果与粒子的物理化学性质、种类、大小，基础油类型，添加剂的种类及用量，接触面的温度等因素有关。在摩擦力和摩擦热的反复作用下，润滑油在金属表面形成一层润滑作用的保护膜，使相对摩擦的运动达到最佳运行状态。在相对摩擦表面形成保护膜，提高了设备相对摩擦的光滑程度和强度，保护膜有极强的抗磨、抗压性能，也降低了运动相对摩擦的阻力，减少了机械磨损、降低功率损耗和运行温度，在冷启动和短时间的无油状态下也能对设备提供保护，提高设备运行效率，达到节能降耗的目的。

　　曾几何时，谁能想到薄薄的一层润滑油，能给材料表面耐磨性能带来飞跃性的提升，这"一江水"将"两岸"的机械表面分隔开，很大程度上延长了机械的使用寿命，对人类利用机械改善自身生活做出了不可磨灭的贡献 [8]。

▶▶ ② "太极"的学问

橡胶制品在我们的生活中可谓无处不在，它被广泛地运用于工业、农业、国防、交通、运输、机械制造、医药卫生等领域和日常生活中，如交通运输上用的轮胎，工业上用的运输带、传动带、各种密封圈，医用的手套、输血管，日常生活中所用的胶鞋、雨衣、暖水袋等都是以橡胶为主要原料制造的，国防上使用的飞机、大炮、坦克，甚至尖端科技领域里的火箭、人造卫星、宇宙飞船、航天飞机等都需要大量的橡胶零部件。橡胶制品常以柔软的形象示人，其表面用小刀轻轻一划便会留下深深的划痕。

硬段：分子结构锚定段
增强材料刚性

软段：分子结构拉伸/
扩展段增强材料柔性

图 3-8　结构的软硬结合赋予材料耐磨性

然而，近些年来生产的一些橡胶制品，情况已大为不同，有公司对聚氨酯耐磨材料进行性能上的改良，获得的喷涂型聚氨酯弹性体耐磨防腐性能、弹性、韧性、黏结力等均显著提高，这种聚氨酯弹性材料又被称为耐磨橡胶。其既有弹性也有出色的耐磨能力，堪称是"软硬结合"的典范了（图 3-8）。

意大利理工学院的 Naderizadeh 团队[9]将纳米 SiO_2 和纳米石墨烯片加入聚氨酯中，制备出了软-硬平衡的涂层，将其喷涂到铝箔上，再在 150 摄氏度条件下热退火10 分钟，可极大地增强材料表面耐磨性。上海海事大学的孙士斌团队[10]将纳米氧化铝颗粒引入聚氨酯，发现其耐磨损能力相比未经处理的聚氨酯提升 4.79 倍之多。江苏大学的李长生团队[11]在聚氨酯材料中引入了纳米 MoS_2，这种材料经历6000 多次磨损循环后表面仍具有很好的耐磨性。可见，现代科研人员对于聚氨酯耐磨性能的研究早已不仅仅是局限聚氨酯本身的软硬平衡，更多的是将前文提到的可以增强涂层耐磨性的纳米粒子与聚氨酯进行结合，进而制造出许许多多具有超强表面耐磨性能的聚氨酯涂层。在未来，这种新型聚氨酯涂层必将在多个领域被广泛应用，极大利好人类生活，给予人类探索更多未知的可能。

3.2　坚如磐石

抗冲击强度可反映一种材料抵抗冲击的能力。冲击的类型多种多样，除了我们最为熟悉的力冲击，还包括温度冲击（热冲击），甚至声波、激光等都可能对材料造成冲击。一般而言，材料的抗冲击性能通常由其厚度、种类和内在结构等因素决定，但对于某些特定的材料，上面提及的几个因素难以改变，人们也会对其进行表面涂覆和表面改性来提升抗冲击性能。

3.2.1　摔不坏，打不破

▶▶ **1.** 完好无损的鸡蛋和西瓜

让鸡蛋从 30 米的高度自由落下却完好无损，你敢相信吗？鸡蛋一直给人以脆弱的印象，别说从 30 米高空落下，只消轻轻一磕，它的外壳便会出现裂缝。但就在 2020 年，央视报道了一项我国的黑科技，鸡蛋、灯泡、西瓜等涂上它，都能变得坚不可摧（图 3-9）。

图 3-9　表面涂有涂层的鸡蛋、灯泡、西瓜在高空坠落触地后弹起

这种神奇的涂层便是由湖北卫汉装备科技有限公司研发出来的 FORD-ONE 涂层，它不仅能赋予物体表面优异的抗冲击能力，还能使物体具有相当可观的防爆能力。研究人员设计了一个简易的实验用于验证该涂层的防爆能力。在实验中，在距离没有喷涂涂层的简易木墙 1.5 米处引爆 1.5 千克炸药，整体建筑结构瞬间被炸得粉碎，放置在木墙后方的假人模型也遭到严重破坏。随后，将炸药质量增加至 2 千克，使用涂有此超韧保护涂层的木墙进行同样的实验，结果木墙没有丝毫损坏，放置在另一侧的假人也安然无恙。在此之后，研究人员再次用轻体砖砌成的砖墙进行了相同的测试，没有涂层的砖墙瞬间被爆炸的冲击击碎，而拥有涂层的砖墙则很轻松地抵御住了爆炸的冲击。

以上两个对比实验充分证明了 FORD-ONE 涂层的防御能力。不难想到，若将此涂层应用于武器装备上，必然能发挥极其重要的作用。事实上，早有一些国家将这一类高性能保护涂层应用到军用领域。比如美国的 LINE-X 涂层就被运用到了军车防护、军舰表面防护甚至是战略核潜艇的表面维护上。据介绍，卫汉 FORE-ONE 涂层分为麒麟、鲲鹏和翱龙三个系列，主要竞争对手就是美国的 LINE-X 涂层。检测结果表明，鲲鹏系列 KP-300 涂层就综合性能而言已经比美国的 LINE-X 涂层高出 20%～25%，而添加了石墨烯的翱龙系列性能更是优于 KP-300。要是将抗冲击涂层用于坦克的反应装甲，使其能抵御"地狱火"反坦克导弹，又或是用在直升机上能抵御"毒刺"单兵防空导弹，那以后的局部战争可就大变天了。但还是希望世界各国能够和平相处，把抗冲击涂层用在真正需要的地方，比如交通运输、建筑工业、安全防护等领域。

那 FORD-ONE 的优越性能是如何实现的呢？这种超强韧新型高分子保护涂层由 A、B 两部分构成，A 组分提供硬度，B 组分提供柔韧性。同时将 A、B 两组材料通过高压枪喷出去，当它们接触到物体时，就会形成很多层高缓冲的网状膜，同时 A、B 两部分涂层中的纳米材料会迅速填充到缝隙中，这样，一个强有力的抗冲击结构就产生了。

拥有类似功能的涂层除了 LINE-X 和 FORE-ONE 还有很多，长沙盾甲新材料科技有限公司研发的弹性防爆涂层材料是一种新型弹性体，也是由高分子预聚体和功能性树脂化合物两种组分混合后，通过高压喷涂而成。由于分子间交联密度高和结构柔顺性好，材料具有突出的强度和韧性，能够实现结构的快速强化和超强韧保护（图 3-10），被誉为硬表面的倍增器，软表面的守护者。

图 3-10　表面涂有增强涂层的一些日用品

▶ **2.** 从康宁大猩猩到昆仑玻璃

在智能手机全面普及的今天，许多人拿到新手机的第一件事就是给屏幕贴膜，生怕它被刮花或摔碎。但与大多数人印象中的玻璃不耐摔、易刮花等不同，发展到今天的手机屏幕玻璃已经拥有了极其优越的抗摔、抗划痕等性能，甚至许多所谓钢化膜的强度也比不过手机自身的玻璃面板。那又是什么原因造成大众仍十分钟爱给自己的新手机贴膜呢？

2007 年 1 月 9 日，当乔布斯在发布会上说出 "That's new iPhone！"，正式标志着智能手机时代浪潮的到来，昔日的 "手机霸主" 诺基亚则渐渐退出了历史舞台。智能手机的发明极大地便利了人们的日常生活，但与曾经甚至能用来砸核桃的诺基亚相比，智能手机显得格外脆弱，为了保护好自己的爱机，人们纷纷给它们贴上保护膜或装上保护壳。造成智能手机如此 "娇气" 的原因是早期 iPhone 的玻璃面板采用的是第一代康宁大猩猩玻璃，大猩猩玻璃的身世可以追溯到 20 世纪 60 年代康宁为直升机生产的防弹玻璃，但将此玻璃作为手机面板还是头一次，因此第一代大猩猩玻璃不可避免地有厚度大、不耐摔、易留划痕等缺陷。此后许多年，为了满足消费者的需求，康宁公司不断推陈出新，使得玻璃的厚度不断降低而抗冲击和耐磨性能不断提高。2018 年康宁公司推出的第六代大猩猩玻璃，应用于手机面板已可以做到从 2 米高度自由落下而毫发无损。但人们对手机面板的追求显然不止于此，2020 年，苹果新一代智能手机 iPhone12 问世，由康宁公司和蓝思科技共同开发的超瓷晶面板再一次刷新了人们对于玻璃的认知。该款玻璃的制造运用了玻璃改质工艺，在生产过程中加入了金属氧化物晶粒作为晶种，通过增加新的高温结晶步骤使玻璃基体内的陶瓷从非晶体转化为晶体，改变玻璃态的非晶体结构比例，从而形成致密的微晶相与玻璃相结合的多相复合固体材料。超瓷晶面板兼具坚固和高透光的特点，在抗摔、防刮、防水、防尘等方面性能达到了全新的高度。2022 年 9 月 6 日，华为公司在历经美国四轮制裁后，克服艰难险阻发布了 Mate 50 系列旗舰手机，该机型所采用的玻璃面板为昆仑玻璃。从技术上来看，昆仑玻璃注入了复合离子，也就是在材料中加一些稀土氧化物，通过热处理和离子交换制得稀土掺杂的强化玻璃陶瓷以缩小晶体尺寸，继而提高玻璃陶瓷的机械性能和光透过率。并且每块玻璃面板内含大量的晶体（平均晶体尺寸范围在 5～60 纳米之间，如果取中间值 32.5 纳米，按照 HUAWEI-Mate 50 Pro 6.74 英寸（1 英寸 = 2.54 厘米）19.4 ：9 的屏幕来算，最多可以有 11502958579881 个晶体），经过 24 小时的高温纳米晶体生长、108 道加工工序、1600 摄氏度的熔炼技术生产而成。通过上述一系列复杂工艺流程制得的昆仑玻璃，耐摔强度是普通玻璃的 10 倍。由此可见，现在手机玻璃的强度已经是今非昔比，你可以放心地让你的手机 "裸奔"，畅享科技进步带来的满满安全感。

▶▶ ③ 美国队长的盾牌

漫威电影在全球都有着极高的人气，其塑造的超级英雄形象深入人心，每个
超级英雄用的武器也是各有千秋。以美国队
长之盾为例（图 3-11），它是一面外表光滑
的盘状圆盾，具有完美的空气动力学特征。
它能以最小的风阻力在空气中运动，并且能
保证投掷路线不偏移。盾牌也有着超强韧
性，投掷后与实心物体接触，只会损失最小
的角动量。使用者经过长期训练，可以将盾
牌抛出击穿目标，也可以控制盾牌经过多点
反弹后回到自己手中。同时，这面盾牌具有
极强的抗冲击能力，子弹打不穿，锤子砸不
烂，就连炸弹爆炸都可以抵挡。当然，现实

图 3-11　漫威世界中美国队长的盾牌

中并不存在美国队长之盾，也没有所谓制造此面盾牌的振金，但现有技术确已研
究出许多拥有相当优异抗冲击性能的材料。增强材料表面抗冲击性能的方式之一
就是在材料中加入一定量玻璃纤维。伊朗赞詹大学的 Masoud Osfouri 团队[12] 设
计了一种新型抗冲击混合复合材料（在形状记忆合金中加入增强纤维金属层制成
压板），该材料能吸收冲击时的能量，因而拥有优越的抗冲击能力。可想而知，
用这种材料造出的盾牌，虽说不可能有电影作品里美国队长的盾牌那么神奇，但
应该也能实现部分功能（例如良好的抗冲击性能和较小的质量等）。可以预见的
是，随着对增强纤维研究的深入，未来增强纤维将在多个领域发挥出巨大的作
用，例如可应用于大型船只、航空航天设施、风力发电设施等。

3.2.2　刀枪不入

▶▶ ① 骄傲的藤甲兵

古代士兵作战时，为了避免受伤，总会穿上厚厚的铠甲，但早期社会冶金
水平不高，做出来的铠甲十分笨重，严重影响了士兵的行动。后来，为了提高
士兵在战场上的灵活性，人们开始采用藤蔓编制出来的藤甲（图 3-12），它在
具备一定抗冲击能力的同时，大大减轻了士兵的负担。为了延长藤甲的使用寿
命，人们通常会对编制藤甲的藤蔓进行预处理：把藤条放入水中浸泡半月，取
出晾晒至完全干燥后，油浸一年再取出来晒干，最后涂上桐油。这样做出来的
藤架更坚韧、质量更轻且有着很好的疏水性，但其缺点是怕火易燃。藤甲是古

人由于战争需要对抗冲击表面进行的初步探索，为社会进步做出了自己独特的贡献。

图 3-12　藤甲服和藤甲头盔

现代防弹衣的雏形就来自藤甲，但其各方面性能和古人使用的藤甲相比早已不可同日而语。常见的防弹衣主要由衣套和防弹层两部分组成。衣套常用化纤织品制作，而耐冲击的防弹层制作工艺则十分复杂，涉及的材料有金属（特种钢、铝合金、钛合金）、陶瓷片（刚玉、碳化硼、碳化硅、氧化铝）、玻璃钢、尼龙、凯夫拉、超高分子量聚乙烯纤维、液体防护材料、聚酰亚胺纤维等。防弹层对于低速弹头或弹片有着明显的防护效果，在控制一定凹陷情况下可减轻人体胸、腹部受到的伤害。目前防弹衣主要分为步兵防弹衣、飞行人员防弹衣和炮兵防弹衣等类型，依据外观则可以分成防弹背心、全防护防弹衣、女士防弹衣等类型。

那么现代防弹衣是如何抵御子弹的猛烈冲击的呢？防弹原理主要有两种：第一种是采用金属、防弹陶瓷、金属陶瓷复合材料等硬质材料来抵御子弹冲击；第二种则是采用防弹尼龙、芳纶纤维和软质材料等来制作防弹衣，当子弹接触到防弹衣表面时，会使纤维产生拉伸变形和剪切作用，冲击能量因此得到扩散、传播和吸收，最后，弹头和破碎的弹片被包裹进防弹纤维层中。一般来说，硬质防弹材料防子弹的能力强，而软质防弹材料防子弹破片的能力强。因此目前多数防弹衣采用软硬结合的方式，将硬质材料作为第一道防线先消耗掉弹头的大部分能量，将软质材料作为第二道防线吸收弹头和破片的剩余能量，同时起到有效的缓冲作用。

众所周知，狙击枪是杀伤力极强的枪械武器，它可以一枪击倒一头 7 吨重的大象。不仅如此，狙击枪的射程很远，精准度也很高。然而却有一种抗冲击衣物表面能抵挡住狙击枪发出的子弹的冲击。事实上，早在 2005 年，美国就给他们的士兵配备了一种含有防弹插板的防弹衣，它可以抵挡 3 发速度为 1000 米 / 秒的巴雷特狙击步枪子弹冲击。此后，经过不断的迭代，现在美军研发出的防弹衣插板，性能相比十几年前已大大提高。得益于这些年来在国防上的投入，现在我国防弹衣的水平与美国的相比并不逊色，同样处于国际领先地位。

▶▶ ② 英雄的排爆服

获得"感动中国 2018 年度人物"荣誉、"时代楷模"称号、"排雷英雄战士"荣誉称号、"八一勋章"的排雷英雄杜富国，他的故事感动了无数国人。2018 年 10 月 11 日下午，在执行云南边境人工扫雷任务时，杜富国和战友艾岩发现一枚爆炸物。"你退后，让我来！"杜富国蹲下排查，突遇爆炸。生死瞬间，他用身体护住战友，倒在血泊中，永远失去了双眼和双手。

我们在为英雄感到惋惜的同时，也不禁思考：为什么穿着了排爆服（图 3-13），还会受到如此严重的伤害呢？要想回答这个问题，我们先要弄清楚排爆服的防

图 3-13　排爆服

爆原理。排爆服由外罩层、防护层和内衬层构成，外罩层有阻燃、防静电和防水的功能，还可减弱爆炸产生的冲击力；防护层由多层凯夫拉材料和嵌有闭孔、线形泡沫的防弹钢板组成，主要抵抗爆炸碎片冲击及爆炸冲击波压力；内衬层由阻燃棉布制成，内嵌通信设备及水冷系统。排爆服可防 600 米 / 秒爆炸碎片的冲击，头盔质量为 4.74 千克，可防 710 米 / 秒爆炸碎片的冲击，护目镜可防 740 米 / 秒爆炸碎片的冲击。服装质量约 15 千克（无钢质防护板）～ 26 千克（带有钢质防护板），防护插板可防 1600 米 / 秒爆炸碎片的冲击，电源为 12 伏特直流外设电源，通信系统采用有线通信对讲机，冷风机送风 200 升 / 分，三速可调。

通过以上的数据我们可以发现，现代排爆服的防爆性能其实并不差，然而身穿排爆服的杜富国仍受了如此重的伤，唯一的解释就是当时他为了保护战友过于贴近炸弹，在如此近的距离内，炸弹爆炸产生的冲击力十分巨大，这才酿成了悲剧的发生。就在杜富国被炸伤两年后的 2020 年，美军研制的新型排爆服率先在美国海军陆战队配发，其可有效防止爆炸超压、弹片、高温和冲击造成的严重伤害（图 3-14）。该排爆服还精心设计了一个集成通风系统，以方便排热并改善呼吸，同时设计更符合人体工学原理，穿戴更加舒适，降低了使用者在操作中的疲

图 3-14　炸弹爆炸可能产生高温弹片

劳度，且更容易穿脱。此外，新的排爆服还提供了优秀的整体平衡保护、更好的态势感知和操作能力。目前，我国的排爆部队配备的排爆服能够抵抗 720 米 /秒破片的冲击而不被贯穿，部分重点防护部位的防护要求更高达 1600 米 / 秒，无论是爆炸破片冲击力，还是超压、爆炸火焰等，都能被它挡住，给排爆人员的生命安全提供了强有力的保障。

▷▷ **3.** 砸不坏的玻璃

　　你在日常生活中使用玻璃制品时是否总是小心翼翼，生怕一失手它们就掉到地面摔个粉碎？那你可曾想过为什么用于金店、玻璃栈道（图 3-15）、高空建筑的一些玻璃别说摔碎，就算用锤子去砸它也不会碎裂？本小节我们一起探索一下这些"砸不坏的玻璃"背后的秘密。

　　玻璃栈道上使用的通常为钢化夹胶玻璃，即两片钢化玻璃中间夹了一层或数层 PVB（聚乙烯醇缩丁醛）树脂胶片。这种玻璃不仅透明度高，还有耐急冷、急热的性质，关键是具有很高的强度和韧性，抗碰撞能力强。此外，PVB 本身也有较大的韧性，对撞击也可以产生一定的缓冲作用。因此，钢化夹胶玻璃也被称为"安全玻璃之王"，广泛用于各个领域，我国主要用于交通业和建筑业。根据玻璃工业协会的统计，我国 PVB 夹层玻璃现有 65 万吨的年产量，占全世界 PVB 夹层玻璃的一半以上。今后，对 PVB 夹层玻璃的需求也许还将增加，而正是中国在工业上的进步推动了抗冲击玻璃在全世界范围内的广泛应用。

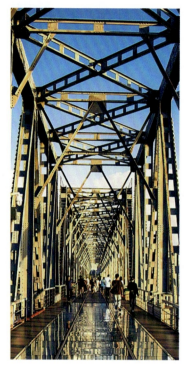

图 3-15　玻璃栈道

　　有研究团队精心设计了一个爆炸实验，在距离 PVB 夹层玻璃 18 米处引爆 1 千克 TNT 和在 12 米处引爆 5 千克 TNT，以研究 PVB 夹层玻璃的抗冲击性能。研究结果表明在 1 千克 TNT 作用下，夹层玻璃完好无损；在 5 千克 TNT 作用下，该玻璃表面出现裂纹。PVB 夹层玻璃连炸药爆炸都能挡得住，用在玻璃栈道上承载游客和金店预防小偷破坏当然不在话下 [13]。

　　其实不管是这些涂层还是材料表面，它们的抗冲击性能都依赖于涂层或材料表面自身吸收和转化能量的能力。其中能量的吸收与转化取决于聚合物分子链段的延展性和柔性，与聚合物中刚性 / 柔性链段的比例有关（FORD-ONE 涂层与 3.1.3.2 中都有提到）。而一些坚硬的表面其实并不具有抗冲击性能，或是抗冲击性能不足。从高处下落的石头砸在地面上容易碎裂，坚硬的墙体也顶不住电钻的冲击，反而只有这些软硬结合的材料表面或涂层才能真正拥有强大的抗冲击性能。

▶▶ 4. 不寻常的抗冲击

　　本节一开始便提到，冲击除了我们通常认知的力学冲击，广义上来说还包括热冲击（低温冲击、高温冲击）、声波冲击和激光冲击等。以热冲击为例，急剧加热或冷却，使物体在较短的时间内与外界交换大量热量，温度发生剧烈的变化，该物体就要产生冲击热应力，这种现象称为热冲击。材料快速加热和冷却时，其内部将产生很大的温差，从而引起很大的冲击热应力。一次大的热冲击，产生的热应力可能超过材料的屈服极限，从而导致部件的损坏。可见，热冲击极大地影响着材料的使用寿命。现有提高工业设备抗热冲击性能的常见方式是在设备表面电镀 Cr 涂层。然而，在热循环应力的影响下，制备过程中产生的微裂纹容易膨胀和相交，电镀 Cr 涂层会在化学腐蚀和机械磨损的共同作用下剥落。为了解决这一问题，沈阳理工大学的胡明团队创新性地提出了采用真空电弧离子电镀（AIP）技术制备 Cr 涂层来代替传统电镀技术。与传统电镀 Cr 涂层相比，使用 AIP 技术制备的 Cr 涂层厚度更均匀，抗热冲击性能更好。此外，他们还发现裂纹的产生、扩展和热应力引起的氧侵蚀是使两种 Cr 涂层在复杂表面上发生热冲击失效的主要原因 [14]。

3.3　复旧如初

3.3.1　神奇的人体

17 世纪，生物学家罗伯特·胡克首先发现了细胞，开启了人们对生命科学的探究。一个世纪后，瑞士自然学家 Abraham Trembley 发现水螅在被一分为二后，可以发育成两个完整个体，至此，生物的再生现象被发现。除水螅外，水蛭（图 3-16）、海星等一些低等软体动物也具有很强的再生能力，即便身体被分为多个片段，也可以生长为新的个体。美国匹兹堡大学麦高恩再生医学研究所的斯蒂芬·巴迪拉克通过实验证明作为高等动物的人类，也有一部分身体结构，如皮肤、小血管、肝脏等在正常生理状态下具有很强的再生能力。

图 3-16　水螅与水蛭

2008 年诺贝尔生理学或医学奖获得者哈拉尔德·楚尔·豪森发现，自愈是人体和其他生命体在遭遇外来侵害或出现内在变异等危害生命的情况下，维持个体存活的一种生命现象，具有自发性、非依赖性和作用持续性等显著特点。自愈过程基于生物内在的自愈系统，以自愈力的表现方式，来排除外在或内在的侵害，修复已经造成的损害，达成生命的延续。包括人体在内的诸多生命体，都存在一个与生俱来、自发作用的自愈系统，抵抗各类物理、化学、微生物等侵害，它是生物储存、补充和调动自愈力以维持机体健康的协同性动态系统。对于包括人类在内的高等级生物，自愈系统包含免疫系统、应激系统、修复系统（愈合和再生系统）、内分泌系统等若干个子系统，当其中任意一个子系统产生功能性、协调性障碍或者遭遇外来因素破坏，其他子系统的代偿能力都不足以完全弥补，自愈系统所产生的自愈能力就必然会降低，从而在生物体征上表现为病态或者亚健康状态。自愈系统是宝贵的天然防御机制，但它并非万能，需要与干预手段相结合，辅助自愈系统，来增强自身的自愈能力。

▶▶ **1. 皮肤表面自修复**

皮肤上被划了个小口，几天时间就能恢复如初（图 3-17）。人类的自愈合能力在自然界虽然算不上顶尖，但也是人类能立足于地球的依仗之一。那么人类皮肤是怎样实现自愈的呢？一般来说，当人类受伤时，伤口处会有组织坏死和血管断裂的现象发生，会出现炎症反应，血管充血，炎性细胞渗出导致红肿；伤口渗出的血液和纤维蛋白凝结成块，形成血痂以保护伤口；在 2 ～ 3 天后，伤口皮肤及皮下组织的肌层纤维细胞增生，牵拉伤口边缘向中心移动，伤口逐渐缩小；受伤 3 天以后，伤口底部及边缘长出肉芽组织，这一般是成纤维细胞增生引起，肉

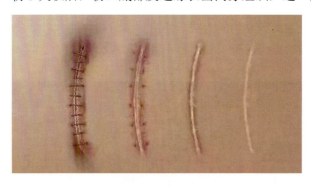

图 3-17　逐渐愈合的皮肤

芽组织中含有丰富的血管；5 ～ 6 天后，成纤维细胞产生胶原纤维，形成瘢痕。最终瘢痕的胶原纤维与皮肤表面平行，停止生长与渗出。一般而言，在受伤一天后，伤口边缘的基底细胞就开始增生，并向伤口中心迁移，在凝血块下方形成单层上皮，覆盖在肉芽表面。当这些基底细胞开始相遇后，接触抑制就会停止迁移，分化为鳞状上皮（也就是新鲜皮肤）。可见，肉芽组织生成过慢或异物刺激导致生成过多都不利于伤口愈合。从上文可以看出，在受伤后及时采取清洗伤口、消毒、缝合等基本措施对于伤口

恢复有着极为重要的意义。其实皮肤的自修复内在机制远比描述的复杂，人类至今也未能完全研究透彻。因此人类对自身的自修复有着极高的期待，甚至有人提出：只要将人类自修复能力提高到一定程度，人类甚至可以摆脱衰老，实现长生不老。

▶▶ ② 永远的"狼叔"

艺术家们就自愈能力展开想象，构造出了一大批具有强大自愈能力的超级英雄，漫威公司旗下的硬汉角色——金刚狼（Wolverine）就是其中之一。金刚狼的身体能够以超过任何正常人类的速度自然地恢复绝大多数受损或被破坏的组织和器官。再生速度与造成的损害成正比，使得毒物、麻醉剂等无法在体内存在超过数秒的时间，只有将其身体完全毁灭才能阻止其再生。除了金刚狼以外，漫威还塑造了其他具有超强自愈能力的超级英雄，如死侍。他是所有超级英雄中自愈能力最强的一个。死侍本来是一名特种兵，为了治愈癌症而接受了"X 武器"的实验，身体里注射了"金刚狼"的自愈因子，从而拥有了超强的自愈能力，甚至超过了金刚狼。

艺术作品中金刚狼、死侍的自愈能力让人类羡慕不已，但事实上这种能力不可能出现在现实生活当中。众所周知，伤口的愈合需要人体提供足够的能量，如果想像金刚狼那样在没有外界材料填入的情况下在极短时间内完成伤口愈合，就必须拥有能快速摄入大量食物且消化的能力，显然这是不可能的。尽管人类自身不具备这样的自修复能力，但这并不影响我们通过研究自修复的机制从而制造出一些有着优异自修复能力的材料，来提高我们的生活质量。

▶▶ ③ 比耐磨更好用的自修复

为何需要自修复呢？假如一个表面裂开或是破损后，能够自己回到损伤前的状态，不就不需要考虑它耐不耐磨的问题了吗？要想探究自修复的神奇之处，首先要了解自修复的概念和原理。实际上，材料自修复这个概念是 1981 年 Williams 等在研究玻璃态聚合物的拉伸性能时，根据分子链扩散等性能提出来的。自修复也称自愈合，顾名思义，是指在自发情形或一定的刺激作用下，通过一系列物理或化学变化实现受损组织或材料自我修复的能力。自修复是生物的重要特征之一，如皮肤愈合、壁虎断尾再生等，但其在耐久性表面中的应用却不是很常见，除了较高的成本，表面在修复后的性能变化也是我们需要考虑的问题。

为了将自修复能力应用到一些物体的表面，人们决定从自修复的机制开始，探索并构建具有自修复能力的表面[15-18]。

3.3.2 自修复也要靠外援?

通过以上对自修复材料的简单介绍,我们可以将自修复机制整体归纳为通过物质补给(外援型自修复)和能量补给(本征型自修复)完成的两种策略。外援型自修复是指通过在材料内部或表面添加功能性载体实现自修复;本征型自修复指利用材料内部具有能进行可逆化学反应的分子结构实现自修复。通过这两种策略驱动材料内部或外部损伤的自修复自愈合,减少机械损伤对材料结构和功能完整性的影响。

▶ **1. 打破胶囊**

采用微胶囊对材料进行自修复这一概念由 White[19, 20] 于 2001 年首次提出。在该类基体材料中预埋含修复剂(或催化剂)的微胶囊和催化剂(或修复剂)。当材料产生微裂纹时,裂纹扩展力驱动预埋的微胶囊发生破裂,释放的修复剂(或催化剂)扩散并与催化剂(或修复剂)发生反应,从而实现材料微观结构和宏观功能的自修复(图 3-18)。莱斯大学的 Hwang 团队[21] 向多孔纳米硅酸钙颗粒的孔洞中装载密封胶,然后采用柱体压载成块材料,当表面受到损伤时,将材料加热到 120 摄氏度保持 4 小时,孔洞中流出的密封胶就能够将损伤处修复,从而达到表面自修复的目的。另一种方法是将催化剂做成胶囊嵌入基体中,当基体损坏时催化剂流出对损坏部位进行修复。伊利诺伊大学的 Cho 团队[22] 制备了聚氨酯微胶囊化二甲基癸酸锡,当涂膜表面受到破坏后,在 50 摄氏度的温度下保持 24 小时即可对表面进行修复,将涂有修复膜的钢板在盐水中浸泡 120 小时,修复后的涂膜未出现锈蚀现象。

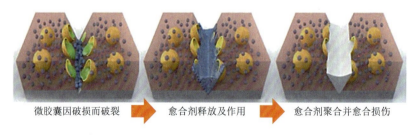

微胶囊因破损而破裂　　　愈合剂释放及作用　　　愈合剂聚合并愈合损伤

图 3-18　基于微胶囊化修复剂的材料自修复过程[22]

由于微胶囊裂开后,修复剂被完全释放,所以微胶囊的修复作用是一次性的。为了改善微胶囊自修复的不足之处,近年来科研人员进行了很多研究。例如将再生剂微胶囊化运用到路面施工的沥青中,再生剂的微胶囊被老化沥青脆性开裂产生的尖端刺穿，又由于毛细效应沿裂缝扩散，使得沥青的耐久性能得到大幅度的提升。

▶▶ **2.** 折断纤维

为实现多次修复功能，科学家模仿人的血管网络，用彼此连通的网状液芯纤维取代分散地埋在基体里面的材料（图 3-19）。与微胶囊修复机制类似，当材料发生损伤时，损伤位置的液芯纤维破裂，纤维内的修复剂流出，对损伤的位置进行修复。纤维裂缝修复后，修复剂会被封装隔开，以便于随后的再次或多次修复。液芯纤维自修复方法最早是被用于混凝土材料中，近年来许多学者和研究人员也尝试将其引入复合材料中，但由于纤维直径为 20 ～ 40 微米，这种方法并不适用于修复一些较薄的涂层（如机翼表面涂层）。

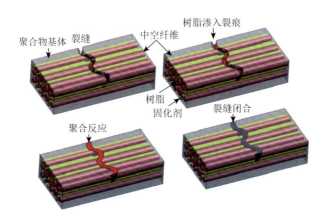

图 3-19　液芯 / 中空纤维自修复涂层

外援式自修复可以在一定程度上解决材料自修复的问题，但其也存在一些缺陷：内嵌式胶囊的修复剂一旦消耗，就无法再次填充到微胶囊中，造成了其重复性差的问题；胶囊在基体树脂中的分布不一定是完全均匀的，容易造成无胶囊的位置出现修复漏洞；胶囊粒在基体中分布的均匀性不易控制，且胶囊活性容易受封存时间影响，因此此类材料在对透光性要求高的柔性材料中的应用受到比较大的限制。因此，对外援式自修复表面的研究还有很长的一段路要走。

3.3.3　自力更生

近年来，不需要外加修复剂便可实现自愈合的本征型自修复涂层引起了研究人员的广泛关注。本征型自修复涂层主要利用涂层自身独特的物理化学性质，在光、热等外界刺激下，通过内部化学键的重新组合、官能团的交互反应或简单的物理变化实现自修复。目前研究较多的有基于可逆共价键的自修复表面和非可逆共价键自修复表面两大类（图3-20），它们各有所长，有的需要外加条件辅助，有些常温常压即可自修复；有的可以在受到损伤后修复至原来一模一样的状态，而有些修复效率会逐步降低[23]。自修复表面是一个庞大的家族，其中的佼佼者数量也不少。

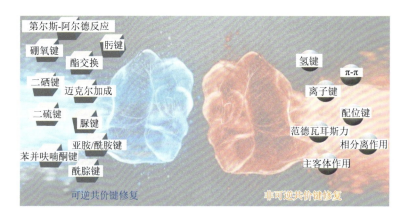

图 3-20　可逆共价键和非可逆共价键在自修复领域的竞争

▶▶ 1. 家族斗争

基于第尔斯-阿尔德反应的自修复涂层合成途径比较灵活，反应原料来源广、成本低，理论上可实现无限次的重复修复，但通常需要先将涂层加热至较高温度以断开可逆键，然后冷却使断裂的键重新聚合才能获得较好的修复效果。修复温度较高是第尔斯-阿尔德反应型自修复材料的一个显著问题。酯交换动态共价键作为可逆共价键的代表，在被引入热固性聚合物中后，在不需要外加修复剂的情况下即可使破损表面的光学透过率得到恢复。酯交换动态共价键一般会赋予热固性聚合物材料一些新的特性，如延展性、可修复性、可回收性、记忆性和超柔软性等，但是酯交换温度和修复后的储能模量仍然是酯交换型自修复材料需要研究改善的方向。可逆硼氧键具有很强的通用性，并有望成为自修复、可再加工处理大块聚合物材料的重要动态交联网络。其不仅可赋予表面自修复的能力，而且可以赋予表面生物信号响应性和再加工性，适用于生物医学中的多个领域，包括药物输送、医疗黏附、生物植入和健康监测等。二硫动态键的键能比较低，在室温下即可通过 UV、可见光、近红外辐射等方式发生动态交换，不仅可以应用于有机-无机杂化材料、柔性电子材料、柔性整流器、可循环利用和可持续发展材料、pH 响应等自修复材料中，而且还衍生出二硫键配合其他动态键获得了更好的自修复效果（图 3-21）。清华大学许华平团队[24] 发现二硒键可逆离解所需的能垒相比其他动态键要低，可以通过光照射促进其动态平衡，在黑暗处即停止，由此实现可逆转换，并将其应用于模拟酶、自愈合表面、聚合物驱动器或仿生软机器人等。

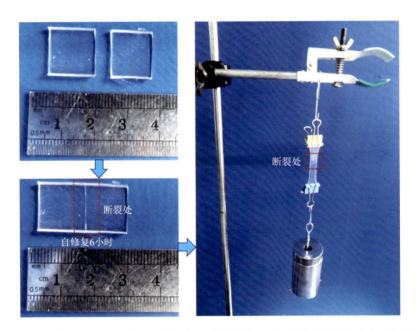

图 3-21　具有自修复性能的薄膜条在常温下修复 6 小时后仍具有强大的抗拉强度

利用可逆共价键来构建自修复表面的方式虽然非常多，但总是存在一些缺陷，那么非可逆共价键类型自修复表面效果如何呢？ 1997 年，Meijer 等合成了第一个氢键交联聚合物 2- 脲基 -4- 嘧啶酮，然而它的自修复效率却不尽如人意。到目前为止，利用氢键构建的一些自修复表面拥有方向可控性、生物相容性、可加工性等优势，在可调微观结构、柔性电子器件中应用广泛。离子键不仅可以实现导电性能，离子作用力在与其他作用力进行结合后也可以应用于自修复表面、可伸缩的表皮电子器件，并实现材料的透明、低成本和无毒特性。金属配位键涉及从有机到无机网络之间的非共价结合，从强烈不可逆到高度动态变化，后者对于自修复的含金属表面很有吸引力，因为它具有类似于氢键的可逆性，同时提高了表面自修复寿命。无论是

图 3-22　"握手言和"

可逆共价键自修复表面，还是非可逆共价键自修复表面，其修复后的表面性能变化大体无异，并且同一位置经过几次破损后，自修复性能就会大打折扣。

那有什么办法来解决自修复表面的这些问题呢？不如让可逆共价键与非可逆共价键结合起来，一起构建性能更佳的自修复表面（图 3-22）。

▶▶ **2. 携手向前**

天津大学封伟团队[25]通过超分子相互作用（氢键）和动态共价键（硼酯键），制备了一系列兼具高强度和快速自愈合功能的聚合物，并通过调控分子间相互作用的比例，实现了拉伸强度和不同温度下结构修复性能的调控。同时该团队受变色龙智能变色机制启发，将动态共价硼酸酯键引入主链型胆甾相液晶弹性体中，实现了变色薄膜的任意颜色和三维形状可控编程，并且其形状和颜色能够通过改变温度实现可逆调控，成功研发出新型智能材料——"智能变色液晶高分子薄膜"。这种厚度只有 200 微米，兼具力致变色、形状可编程和优异的室温自修复能力的表面，只需在损伤处加几滴水，一段时间后材料就能重新愈合，从而具有更长的使用寿命。

有人说，机器人在未来可能达到人类的智能水平，那我们是该担心还是该兴奋？但机器人不能像人类一样自愈合怎么办，因为机器人难免会被剐蹭或是打击，久而久之便使得表面损坏严重，不仅外观上显得陈旧黯淡，而且实际工作性能也可能受到影响。在电影《终结者》系列中，来自未来的半人半机械杀手——终结者就拥有强大的自愈合性能，即使遭遇枪击和炮击，身体也能恢复如初。中国科学院的李舟团队[26]制备了一种具有快速自愈能力、超拉伸能力和稳定的导电性的水凝胶，即使在零下 80 摄氏度，也能在 10 分钟内快速自愈合。同时他们通过模仿有髓神经轴突的结构和功能制作了一种人工神经纤维，其具有快速和电位门控信号传输的特性。将该人工神经纤维集成到机器人中，可实现大变形和低温条件下的实时高保真和高通量信息交互。机器人在获得了这种水凝胶躯壳后，身体表面就能够像人类皮肤一样具有自愈合性能了。天津大学张雷、杨静团队[27]充分利用不同动态键的协同相互作用，使材料在不借助任何外界能源的条件下，能够同时实现高弹性、高拉伸性和快速修复损伤的功能。这种"全天候"自愈合材料在室温下可实现 10 分钟内快速愈合，愈合后可承受超过自身质量 500 倍的重物。在零下 40 摄氏度低温、过冷高浓度盐水中甚至是强酸强碱性环境中都表现出了较好的自愈合性能，有望成为机器人、深海探测器和极端条件下各类高科技设备的"超级电子皮肤"[28]。

参 考 文 献

[1]　Liu Y D，Yuan Y K，Liu J H，et al. High wear-resisting，superhydrophobic coating with well aging resistance

and ultrahigh corrosion resistant on high vinyl polybutadiene rubber substrate by thiol-ene click chemistry. Polymer Testing，2021，101：107312.

[2] Li Z，Liu B，Li H，et al. Preparation of superhard nanometer material cBN reinforced Ni-W-P nanocomposite coating and investigation of its mechanical and anti-corrosion properties. Colloids and Surfaces A：Physicochemical and Engineering Aspects，2022，651：129600.

[3] 陈永刚．激光熔覆 WC 颗粒增强 Ni 基合金涂层耐磨性能的研究．热加工工艺，2022，51（2）：106-109.

[4] Mohamed Musthafa M. Synthetic lubrication oil influences on performance and emission characteristic of coated diesel engine fuelled by biodiesel blends. Applied Thermal Engineering，2016，96：607-612.

[5] Fang H L，Li Y，Zhang S W，et al. Novel binary oil-soluble ionic liquids with high lubricating performance. Tribology International，2022，174：107724.

[6] Raina A，Anand A. Lubrication performance of synthetic oil mixed with diamond nanoparticles：effect of concentration. Materials Today：Proceedings，2018，5（9）：20588-20594.

[7] 于立岩，郝春成，隋丽娜，等．纳米粒子改善润滑油摩擦磨损性能的研究．材料科学与工程学报，2004，22（6）：901-905.

[8] 李兴虎，赵晓静．润滑油粘度的影响因素分析．润滑油，2009，24（6）：59-64.

[9] Naderizadeh S，Athanassiou A，Bayer I S. Interfacing superhydrophobic silica nanoparticle films with graphene and thermoplastic polyurethane for wear/abrasion resistance. Journal of Colloid and Interface Science，2018，519：285-295.

[10] Chang X T，Chen X Q，Zhang Q Y，et al. Alumina nanoparticles-reinforced graphene-containing waterborne polyurethane coating for enhancing corrosion and wear resistance. Corrosion Communications，2021，4：1-11.

[11] Tang Y C，Yang J，Yin L T，et al. Fabrication of superhydrophobic polyurethane/MoS$_2$ nanocomposite coatings with wear-resistance. Colloids and Surfaces A：Physicochemical and Engineering Aspects，2014，459：261-266.

[12] Osfouri M，Rahmani O. Nitinol wire-reinforced GLAREs as a novel impact resistant material：an experimental study. Composite Structures，2021，276：114521.

[13] Chen X，Chen S W，Li G Q. Experimental investigation on the blast resistance of framed PVB-laminated glass. International Journal of Impact Engineering，2021，149：103788.

[14] Hu M，Pan M F，Shen M L，et al. Thermal shock behaviour and failure mechanism of two-kind Cr coatings on non-planar structure. Engineering Failure Analysis，2022，141：106697.

[15] Lee J Y，Buxton G A，Balazs A C，et al. Using nanoparticles to create self-healing composites. The Journal of Chemical Physics，2004，121（11）：5531-5540.

[16] 李海燕，张丽冰，王俊．本征型自修复聚合物材料研究进展．化工进展，2012，31（7）：1549-1554.

[17] Shen T，Liang Z H，Yang H C，et al. Anti-corrosion coating within a polymer network：enabling photothermal repairing underwater. Chemical Engineering Journal，2021，412：128640.

[18] Guimard N K，Oehlenschlaeger K K，Zhou J W，et al. Current trends in the field of self-healing materials. Macromolecular Chemistry and Physics，2012，213（2）：131-143.

[19] Caruso M M，Delafuente D A，Ho V，et al. Solvent-promoted self-healing epoxy materials. Macromolecules，2007，40（25）：8830-8832.

[20] White S R，Sottos N R，Geubelle P H，et al. Autonomic healing of polymer composites. Nature，2001，409：794-797.

[21] Hwang S H，Miller J B，Shahsavari R. Biomimetic，strong，tough，and self-healing composites using universal sealant-loaded，porous building blocks. ACS Applied Materials & Interfaces，2017，9（42）：37055-37063.

[22] Cho S H，White S R，Braun P V. Self-healing polymer coatings. Advanced Materials，2009，21（6）：645-649.

[23] 许飞，凌晓飞，许海燕，等. 自修复智能涂料研究进展：概念、作用机理及应用. 中国涂料，2014，29（8）：38-45，73.

[24] Xia J，Li T，Lu C，et al. Selenium-containing polymers：Perspectives toward diverse applications in both adaptive and biomedical materials. Macromolecules，2018，51：7435-7455.

[25] Ma J Z，Yang Y Z，Valenzuela C，et al. Mechanochromic，shape-programmable and self-healable cholesteric liquid crystal elastomers enabled by dynamic covalent boronic ester bonds. Angewandte Chemie（International Edition），2021，134（9）：e202116219.

[26] Wang C，Liu Y，Qu X C，et al. Ultra-stretchable and fast self-healing ionic hydrogel in cryogenic environments for artificial nerve fiber. Advanced Materials，2022，34（16）：e2105416.

[27] Guo H S，Han Y，Zhao W Q，et al. Universally autonomous self-healing elastomer with high stretchability. Nature Communications，2020，11：2037.

[28] Willocq B，Odent J，Dubois P，et al. Advances in intrinsic self-healing polyurethanes and related composites. RSC Advances，2020，10（23）：13766-13782.

4.1 离不开的隔热

4.1.1 从红砖房到航天器

在我们的日常生活中，小到一棵小草的生长，大到整个地球生态系统的正常运行，都会受到温度的影响。适宜的温度下，人们能够开展正常的生产活动与社交活动，周围形形色色的物质也得以稳定存在。当温度过高的时候，外界输入的大量热量会使人们感觉到热，物质内部分子的活跃度也会提高，从而难以保证人们的正常生活以及物质的稳定存在，这个时候人们就开始考虑如何将热量阻隔在外。回望人类历史发展的长河，从上古先民所生活的时代一直到现如今科技发达的 21 世纪，人们与温度相互依存又相互抗衡，典型例子有风靡一时的民用建筑红砖房以及代表着现代科技水平的航天器。

▶▶ **1. 朴实无华的红色砖块**

在 19 世纪的欧洲，城镇和乡村里出现了一种红褐色的房屋，这种看起来十分独特的矮房子，就是后来风靡全球的红砖房（图 4-1）。红砖成本低廉，是建造房子的理想材料。而进入 21 世纪，环保要求的提高使得人们不得不重新审视传统红砖的利与弊，随之而来的环保砖（不经高温烧结）成为现代红砖房的重要材料。

图 4-1　用红砖砌成的房屋

砌筑红砖房所用的砖是由黏土、页岩、煤矸石等原料经粉碎加工、压制成型、烘干，再在 900 摄氏度左右的温度下以氧化焰烧制得到的。砖块之所以呈红色，是因为原本的砖块当中的大量铁元素在烧制过程中被氧化成了红棕色的三氧化二铁。这些砖块在炎热的夏天能够有效地抵挡热量的入侵，起到隔热效果；而在寒冷的冬天能保证室内的热量不流失，从而起到保温作用。在中国，红砖房有一层式结构和多层式结构，一层式红砖房通体由红砖砌筑而成，多层式结构的红砖房以两层居多，一层可做储存空间，二层可做卧室和起居厅。由于红砖内部存在大量微小孔隙，这些孔隙能够阻挡热量的传递，有效地控制房屋内夏季热量的输入和冬季热量的输出，这对卧室、起居厅等主要生活活动空间起到保温隔热的作用。同时也可在房屋外墙采用内保温技术，添加保温隔热板，在实现室外砖墙的工艺美观效果的同时也兼顾了保温隔热的效果[1]。

▶ **2.** 从外太空回家

提起航天，相信每一个中国人都为中国的载人航天事业感到无比自豪。2022 年 4 月 16 日，神舟十三号载人飞船返回舱在东风着陆场成功着陆，航天员翟志刚、王亚平、叶光富三人落地后接力报告"感觉良好"，是一代代航天人的不懈奋斗、每一个逐梦人的要强前行，使得这句"感觉良好"分外铿锵！

神舟十三号飞船返回地面的初始速度大约为 7.9 千米 / 秒，也就是第一宇宙速度，这差不多是声速的 23 倍。以这种速度穿过浓密的大气层时，飞船外壁会与空气发生剧烈的摩擦，并产生大量的热量，舱体表面局部温度可达几千摄氏度。而为了确保舱内航天员的生命安全，舱内温度必须满足人们正常生活的需求，因此保证返回舱内部温度舒适且恒定，成为航天工作者们重点关注的问题。载人飞船内部控温的主要手段就是降温和隔热，尤其是在返回阶段，它们分别需要用到烧蚀材料和隔热材料来保证飞船内部温度的恒定。载人飞船的返回舱对安全性的要求极高，因此其表面的隔热材料不仅要耐高温，还要有高强度，而且质量越轻越好。

用于航天器表面的烧蚀材料是一些在高温下容易汽化的材料。这种材料在热流作用下能发生分解、熔化、蒸发、升华、侵蚀等物理和化学变化，借材料表面的质量消耗带走大量的热，以达到阻止再入大气层时的热流传入飞行器内部的目的。我们知道，固体升华的时候会带走大量的热量，烧蚀材料在高温下汽化后，就会带走空气摩擦产生的热量，从而使得飞船外壁的温度降低到 1000 ～ 1200 摄氏度，在这种温度下很多材料都可以稳定存在。隔热材料即为能阻碍热流传递的材料，又称热绝缘材料，传统隔热材料有玻璃纤维、石棉、岩棉、硅酸盐等，新型隔热材料则有气凝胶毡、真空板等。航天器上用的隔热材料早期是酚醛泡沫塑料，随着耐温性好的聚氨酯泡沫塑料得到广泛使用，研究人员又将单一的隔热材料发展为夹层结构，来实现其在航天器等领域的应用。航天器是在高温、低温交变的环境中运动，须使用高反射性能的多层隔热材料，一般是由几十层镀铝薄膜、镀铝聚酯薄膜、镀铝聚酰亚胺薄膜组成。除了多层隔热材料及热管，航天器上还会使用隔热器、隔热涂层、被动式热辐射器等多种被动温度控制装置。另外，表面隔热瓦的研制成功为航天飞机的隔热提供了助力，同时标志着隔热材料发展的更高水平。

除了返回地球的过程，载人飞船在轨运行时同样要面临极端温度的考验。因为没有地球大气层的保护，其不仅要承受来自太阳的辐射高温，更要面临在太阳光消失时的极端低温，此时航天器上专门的隔热保护系统便能大显身手。此系统不仅能对抗飞船返航时与大气摩擦所产生的高温（1650 摄氏度），还能帮助机舱在极端冷热交替的太空中保持恒温，即防止机舱内的热量散失到太空中，以及防止热量从舱外传入。隔热系统覆盖整个航天器以保证其平稳运行，并按各部位不同的隔热需求使用不同的材料。这些材料通常具有较低的热导率，能降低热传导效率而达到隔热效果。

4.1.2　将温度抛之脑后

从红砖房到载人航天器，从普通的民用建筑到现代科技的结晶，均对隔热提出了要求，温度与热和我们的生活息息相关。这不禁让人去思考这背后的本质是什么。在古代各民族的语言里，"火"与"热"几乎是同义语，在文学作品中这些词汇也往往互相指代，追求热与冷现象本质的企图可能是人类最初对自然界法则的追求之一。

而事实上，对"热"的概念，直到 20 世纪人类才有了较为系统完整的认知。首先"温度"到底是什么，温度是表示物体冷热程度的物理量，微观上来讲是用来表征物体分子（或原子）的平均动能。在统计力学与热力学中，热力学温度的定义是粒子的动能与玻尔兹曼常数之比。宏观上来讲，温度是反映系统冷热的物理量。封闭系统内部可以通过热传导（温度梯度产生的粒子流，受制于傅里叶定律）和热辐射（近代物理中的黑体辐射模型，受制于普朗克定律）的方式达到热平衡。温度只能通过物体随温度变化的某些特性来间接测量，用来度量物体温度数值的标尺叫温标，它规定了温度的读数起点（零点）和测量温度的基本单位。温度理论上的高极点是普朗克温度，低极点则是热力学零度。普朗克温度和热力学零度都是无法通过有限步骤达到的。国际上用得较多的温标有摄氏温标（℃）、华氏温标（℉）、开氏温标（K）和国际实用温标。

就"热"而言，其本质是大量微观粒子运动的宏观表现。粒子运动得越快，对外撞击越剧烈，对外就表现为越热，物体内外产生温度差异而引起的能量转移，即为热能。这也解释了为什么温度是有热力学零度的，任何物体的温度都不能低于热力学零度。其实热力学零度的意思就是该物体的分子停止运动了。平时我们会感觉到寒冷，会冻伤，也是因为我们体内的粒子运动快，接触到寒冷的物体后，身体粒子的动能都传递给寒冷的物体了。那么温度的本质则是微观物质的运动速度，微观物质的运动速度越快，温度越高（图 4-2）。我们周围的一切物质，任何时刻、任何地点都处于热运动当中。总的来说，热的本

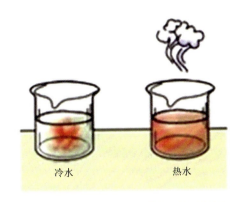

冷水　　　　热水

图 4-2　冷水与热水中红墨水的扩散现象

质是组成物质的原子、分子的微观运动，通常表现在两个方面——热量和温度。热量代表热的多少，其本质是微观粒子运动的总能量；温度代表热的强度，其本质是微观粒子运动的平均动能。

▷▷ 1. 热的接力棒

防止"热"其实很好办，最简单的办法就是远离它。太阳这个巨大的火球无时无刻不在释放着热量，距离太阳较近的金星表面温度在 450～500 摄氏度，而距离太阳较远的天王星、海王星温度接近零下 200 摄氏度。除了远离热源，还可以利用比热容较高的物质带走热量。比热容是热力学中常用的一个物理量，指的是单位质量的某种物质升高（或下降）单位温度所吸收（或放出）的热量。以水为例，水的比热容为 $4.2×10^3$ 焦 /（千克·摄氏度），即 1 千克的水升高（或下降）1 摄氏度所吸收（或放出）的热量为 $4.2×10^3$ 焦，比起铁的 $0.46×10^3$ 焦 /（千克·摄氏度）、砂石的 $0.92×10^3$ 焦 /（千克·摄氏度）已经算是非常高了。所以为了防止热的聚集，人们通常会使用水作为冷却剂，核电站建在沿海地区也是为了更加方便地使用海水对反应堆进行冷却。热传导主要是通过高温侧的高速分子与低温侧的低速分子相互碰撞来实现的，由于空气中主要成分氮气和氧气的平均自由程为 70 纳米左右，所以，当材料内部的孔径小于这一临界尺寸时，气体分子的对流传热将被抑制，因此，纳米孔隔热材料可以阻止热通过气体分子在内部进行传导，具有更好的隔热性能。

目前国内外对隔热表面的研究开发主要集中在建筑（图 4-3）、石油化工、航空航天领域，如利用复合多功能隔热材料之间的互补优势提高隔热表面的隔热效果。此外，在隔热表面中加入纳米材料也是该类功能表面的研究热点之一，但这类表面还需要进行改性处理，以提高稳定效果。

图 4-3　生活中常见的隔热瓦和隔热砖

　　隔热表面作为一种新型的功能表面也应用广泛，它能有效地阻止热传导，降低内部环境的温度，从而达到稳定内部物质性能、维持内部设备与器械的正常工作和运行的目的。

　　热传递是通过对流、辐射及分子振动热传导三种途径来实现的。由于固体物质的密度一般较大，其分子振动热传导能力通常大于相同成分的液态和气态物质（水除外），导热系数较高；对流则是液体和气体实现热交换的主要方式；大部分非透明固体物质对热辐射的直接传导能力都非常低，而透明度极高的物质（包括固体、液体、气体）也很少吸收热辐射的能量。真空状态虽然能使分子振动热传导和对流传导两种方式完全消失，但对阻止热辐射的传导却无能为力。空气相对于固体来说密度极小，对热辐射电磁波的阻隔作用非常小。由此可见，固体的传导传热、液体和气体的对流传热以及真空中的辐射传热在热传导形式上存在着较大差别。

　　（1）传导传热：物体或系统内的温度差是热传导的必要条件。或者说，只要介质内或者介质之间存在温度差，就一定会发生传热。热传导实质是由物质中大量的分子热运动互相撞击，而使能量从物体的高温部分传至低温部分，或由高温物体传给低温物体的过程。用金属来做锅体是利用金属良好的热传导效果，反之用木头来做锅把是为了降低热传导以达到对手的保护作用；用体温计测量体温也利用了热传导。

　　（2）对流传热：在流体流动过程中发生的热量传递。对流仅发生于流体中，它是指流体的宏观运动使流体各部分之间发生相对位移而引起的热量传递过程。由于流体间各部分是相互接触的，因此除了流体的整体运动所带来的热对流，对流中还伴有流体微观粒子运动造成的热传导过程。利用对流传热的例子有很多，如用扇子扇风降温、流体流过物体表面传热（带走热或释放热）、冷热空气对流形成风，以及暖气片表面附近受热空气的向上流动等。

（3）辐射传热：温度高于热力学零度的物体不停向外发射粒子的现象。辐射传热不需要介质，因此其可以在真空中进行。物体会因各种原因发生热辐射现象，当遇到另一物体则部分地或全部地被吸收，重新又转变为热能。工业上最重要的热辐射是固体间的相互辐射，并且只有在高温下辐射才能成为主要的传热方式。液体和气体也能以辐射的方式传递热量，但在总的热传递中仅占极小部分。在人类的日常生活中，最常见的辐射传热莫过于太阳能，自地球上生命诞生以来，太阳提供的热辐射保证了地球上大部分生物的生存，而人类也很早就懂得利用阳光晒干物件、制作食物，如制盐和晒咸鱼等。

传导、对流、辐射这三种传热方式（图 4-4）遍布在日常生活的方方面面，我们不仅可以找到利用单种传热方式的实例，同样也可以找到这三种传热方式相结合的实例，例如保温瓶。热水保温瓶由双层玻璃构成，里层还镀有银，装满水后用瓶塞塞上，水瓶就能够拥有保温功能。热水瓶胆之所以做成双层，而且层之间抽成真空，就是为了减少热的传导损失；在里层镀上银，是为了减少热辐射损失；塞上塞子，则是为了减少热对流损失。这三方面共同作用，有效减少了热的损失。

图 4-4　热的三种传递方式

目前隔热表面在一些前沿尖端领域的应用也很广，以热障涂层为例。热障涂层是一层陶瓷/合金涂层，它沉积在耐高温金属或合金的表面，对基底材料起到隔热作用，降低基底温度，使得用其制成的器件（如发动机涡轮叶片）能在高温下运行，并且可以提高器件（发动机等）的热效率。随着航空、航天及民用技术的发展，受热端部件的使用温度要求越来越高，有些已达到高温合金和单晶材料的极限状况。以燃气轮机为例，其受热部件如喷嘴、叶片、燃烧室处于高温氧化和高温气流冲蚀的恶劣环境中，表面承受的温度高达 1100 摄氏度，已超过了高温合金使用的极限温度。将金属的高强度、高韧性与陶瓷的耐高温的优点结合起来制备出的热障涂层能起到隔热、抗氧化、防腐蚀的作用，已在汽轮机、柴油发

图 4-5　燃气轮机

动机、喷气式发动机等设备部件上取得了一定应用，并延长了部件的使用寿命。同样随着航空工业的发展，人们对飞机涡轮发动机的推重比要求越来越高，这使得对涡轮前进口的耐温要求也越来越高。而在短期内通过提高材料的使用温度来实现涡轮叶片耐高温能力大幅提升具有相当大的难度，可行的方法是在涡轮叶片基体上沉积热障涂层以提高其使用温度（图 4-5）。

▶▶ 2. 构建冷屏障

　　如果我们注意现在窗户所使用的结构，会发现两层玻璃中间会有一层空气层，这种玻璃最大的特点就是隔热隔音。空气具有极低的导热系数、良好的隔热效果，这也是阻隔性隔热涂料研制的基本依据。材料导热系数的大小是材料隔热性能的决定因素，导热系数越小，保温隔热性能就越好。应用最广泛的阻隔性隔热涂料是硅酸盐类复合涂料，如复合硅酸盐隔热涂料、稀土保温涂料等。

　　这类具有优异保温隔热性能的材料也被广泛应用于空天飞机领域。空天飞机是能长时间在临近空间或空间驻留并执行特定任务的一种飞行器，可以进行远程输送、侦察和通信中继等，一般分为可重复使用轨道机动式、高超声速助推滑翔式和高超声速巡航式。其飞行速度一般在 5 倍声速以上，而此时天线罩的温度将超过 1000 摄氏度。因此，空天飞机对天线罩材料表面的耐热、隔热性能提出了很高的要求。2015 年，为了应对未来超高声速飞行器的发展，美国空军研究实验室发布了"高速打击武器技术成熟项目"（Hypersonic Strike Weapon Technology Maturation Program）以推进超高声速打击武器，其中以超高声速导弹为主。此外，俄罗斯陆基的"先锋"、海基的"锆石"、空基的"匕首"；中国陆基的"东风 -17"（图 4-6）、海基的"鹰击 -21"；美国空基的"AGM-183"等，这些超高

声速导弹的雷达罩所使用的也是一种耐热 / 隔热性能优异的材料，这些表面也需要有较高的熔化或升华或热解温度。同时要求材料具有较强的化学共价键或金属共价键，并具有较轻的质量，可以减少飞行器或导弹燃料的消耗，所以此类轻质隔热表面选择硅、碳、硼及其碳化物、氮化物或耐熔氧化物，如碳化硅、碳化硼、氮化硅、氮化钛、氧化铝等。通过掺杂耐熔纤维的方法增强陶瓷材料隔热性能也成为耐超高温表面研究热点。氮化物纤维包括氮化硅纤维、氮化硼纤维及硅硼氮纤维，但目前纤维制备工艺均不成熟，相关复合材料方面的研究仍处于探索阶段。

图 4-6　携带有超高声速弹头的东风 -17；美国超高声速试验飞机 X-43；飞机雷达罩

除此之外，纳米孔超级绝热材料如气凝胶（图 4-7）作为一种新型的阻隔型隔热材料，也逐渐成为织物隔热方面研究的热点。气凝胶孔隙率高、密度低、导热系数低（是固体的 1% ～ 10%），纳米级的孔隙使得材料内部的反射界面和散射微粒大大增加，从而大幅降低了热辐射吸收能力，使材料具有优良的绝热性能。材料内大部分的气孔尺寸都在 50 纳米以下，在如此小的尺度下，气体分子的运动不再是连续的，而是受到孔隙尺寸的限制，孔内的气体分子就失去了

图 4-7　纳米孔超级绝热气凝胶

自由流动的能力，而相对地附着在孔壁上，降低了气体的流动性和渗透率，这种由气体分子在纳米孔隙中的吸附行为导致材料内部的状态近似于真空状态，使材料无论是在高温还是常温下均有低于静止空气的导热系数。

▶▶ **3. 反射热量的"镜子"**

众所周知，太阳光只有照射到物体表面后，才会将其所带有的能量传递给物体，物体吸收能量后，根据能量守恒定律，大部分能量会转化为热能，并以辐射的形式散发到环境中，其余能量以反射、透射、光化学反应等形式存在。人体就可以看作一个辐射源，通过皮肤向周围环境放射电磁波而达到散热目的，这个过程不需要任何物理媒介。除此之外，人体也可通过和其他物质直接或间接接触而散热，比如通过液体或者气体之间的流通传递热量以及通过汗液蒸发散发热量。

当人处在低温条件下时，持续向外界辐射散热则会使人体热量流失、体温降低，严重时还会危及生命，所以如何维持体温就显得尤为重要。目前一些保温服原理是在衣服内表面涂一层铝膜（图 4-8），其光滑的表面可以反射无线电波、红外线、紫外线、可见光、X 射线等，包括人体辐射出的大量红外线，避免了在寒冷环境中的人体热量流失。实验室检测结果表明：该种涂有铝膜的保暖里料可以

图 4-8　保温隔热铝膜

反射 75% 的红外线，保暖效果明显。任何物质都具有反射或吸收一定波长太阳光的特性。那么，如果有一种材料能将照射到物体表面的太阳光反射回去，就会阻碍太阳光的能量转化为热能。热反射型隔热表面涂料就利用了这一原理，通过大部分反射、小部分辐射共同作用，使物体吸收太阳光的能量大大减少，从而达到降温的目的。

由太阳光谱能量分布曲线可知，太阳光波长绝大部分处于可见光和近红外区 400 ～ 1800 纳米范围。在该波长范围内反射率越高，涂层隔热效果就越好。因此通过选择合适的树脂、金属或金属氧化物填料及生产工艺，可制得高反射率的涂层，反射太阳光，达到隔热的目的。反射隔热涂料是在铝基反光隔热涂料的基础上发展而来的，其最早使用的是薄片状铝粉，后来发展为使用金属氧化物，现在则多使用纳米材料。导电性能良好的金属如铜、铝、银也具有良好的红外反射能力。

美国劳伦斯伯克利国家实验室的工程师们设计了一种隔热表面，这种隔热表面可用于建筑墙壁或屋顶（图 4-9），该表面会反射阳光带来的热量，使室内保持凉爽；当外界气温较低时，该表面会减少室内的热量损失，使室内保持合适的温度。这种通过反射热量来进行隔热的表面关键材料就是二氧化钒，它能够在温度达到 67 摄氏度时几乎不发生导热。测试结果表明，无论天气如何，这种表面都能反射约 75% 的阳光，当环境温度高于 30 摄氏度时，它能将高达 90% 的热量反射到外部环境中。这种表面如果应用于建筑物，将节省大量的制冷费用。

图 4-9　涂覆超白涂料的房子

普渡大学的阮修林团队开发的超白涂料能反射 95.5% 的太阳辐射，并使表面温度比周围环境低 10 摄氏度左右。这种涂料内含有大量的碳酸钙颗粒，会散射太阳光谱的所有波长，使大量的热量反射到环境中。将这种反射型隔热涂料中的碳酸钙颗粒替换成六方氮化硼，不仅反射率与原涂料几乎相同，而且总质量仅有原涂料的 20%。这种隔热表面也可以应用于飞机、汽车或火车的外部，这样的话，在炎炎夏日，这些交通工具调节内部温度的压力将大大减小，可节约大量能源，符合当今社会节能减排的目标。

▶▶ 4. 让热顺着风走

能量的耗散通常是针对一个系统（或物体）而言的，能量在全宇宙中守恒，或对某个系统而言，它的能量与外界任何与它有关的系统二者的总能量守恒。任何一个实际存在的系统的能量都不会绝对不变，因为它与外界总有或多或少的能量交换。有些时候这种能量交换对人类而言是有用处的，比如汽车发动机系统通过将燃料的化学能转化为机械功，方便了人们的出行。耗散的途径一般是摩擦力等非保守力做功，或将机械能或电能等转化为内能，也可以通过自发散热来使能量消耗。任何实际的系统都不可能完全不受摩擦力的作用，也不可能绝对绝热，因此其发生任何的过程能量总要有所损耗，这种损耗就叫耗散。

通过辐射的形式把物体吸收的日照光线和热量以一定的波长发射到空气中，为辐射耗散隔热。由于辐射隔热是通过使抵达物体表面的辐射转化为热反射电磁波耗散到大气中而达到隔热的目的，因此，其关键技术是制备具有高热发射率的表面。研究表明，多种金属氧化物如氧化铁、氧化锰、氧化钴、氧化铜等掺杂形成的具有反型尖晶石结构的物质具有热发射率高的特点，因而被广泛用作耗散隔热表面的添加剂。哈尔滨工业大学的武高辉团队使用铝-硅合金和热耗散剂石墨制备了耗散性隔热材料（图 4-10），其耗散隔热机制主要是材料表面在温度升高的过程中熔化吸热，同时陶瓷膜存在一定的热阻隔和氧阻隔效应，该材料为"祝融号"的设计和制造提供了重要的技术支持。

图 4-10　石墨改性铝板/岩棉一体隔热板

▶▶ 5. 保持舒适

保暖和隔热有着异曲同工之妙，隔热是不让外界的高温影响内部的环境温度，而保暖是希望外界的低温不影响内部较高的温度，换个角度来说，保暖也可看作是另一种形式的隔冷。

保持体温是恒温动物生存的重要保障，动物们的冬眠和迁徙也正是因为需要避免低温造成的伤害。生活在极地的北极熊、企鹅、海豹等都是不怕冷的动物，它们有着厚厚的绒毛或脂肪层，可以帮助保暖，减缓体内热量的散失（图 4-11）。人体的最低体温极限为 13.7 摄氏度，最高体温极限为 46.5 摄氏度，超过这一温度范围人类将面临死亡。寒冷气候条件下，御寒保暖成为人们生活的最基本需求，以使得人体自身产生的热量和向环境耗散的热量之间达到平衡，确保各项生理活动的正常进行。

图 4-11 拥有"保暖外套"的北极熊

2022 年 2 月 4 日晚，第二十四届冬季奥林匹克运动会开幕式在中国国家体育场举行。这场规模宏大且宏伟绚丽的冰雪盛宴中大部分比赛项目在寒冷的室外，因此运动健儿们穿着的"战衣"既要防寒保暖，也要具有轻便性。无论是在冰面上翩翩起舞，还是在雪道上飞速疾驰，冬奥赛服不仅要在功能上保障这些不同场景的需求，还要在外观上展现韵味和美感。为了应对冬季里不同的寒冷环境，帮助所有参与者御寒保暖，轻便保暖、美观舒适，是冬奥制服研发的题中之意，在防寒保暖这一方面，由于体感温度低会严重影响运动员的发挥，设计团队将纵向变密度结构的微纳米纤维保暖絮片、导湿快干的吸湿发热纤维海绵等"黑科技"应用到衣物中，提升了衣物的保暖效果。拥有中国专利技术的新型保暖材料聚热棉，通过阻止热量流失，实现冬奥制服在严寒环境中的超强保暖性。此外，设计团队还在一些防水超级鹅绒上构建了纳米级保护层，使得服装既轻便，又能有效拒水防潮、稳定高效保暖。另外，冬奥会服装内里还使用了热反射类型面料（4.1.2 节相关内容），通过反射人体自身长波段热量，辅助升温保暖，有效维持衣物内部的热态内循环。Ralph Lauren 为美国代表团所设计的服装运用了智能保温技术，采用温度响应面料，通过在不使用电池供电或"有线"技术的情况下扩展并形成一层绝缘层来适应较冷的温度。单件服装可适应零下 20 摄氏度到 30 摄氏度的温度变化，无需多件服装便可从室内环境无缝过渡到室外环境。

当前，随着科技的发展，人类探索世界的步伐不断加快，星辰大海、沙漠极地，都是人类的探索目标。因此在极端温度条件下，怎样对人和设备做好防护是一个值得重点关注的问题。例如广袤无垠的星空在引来人们惊叹的同时，也暗藏着人类难以想象的凶险，太空中无重力、无氧气、辐射强、温差大（最低温度可达零下 100 多摄氏度，已经远远超过了人体的耐受极限），给宇航员在太空中的出舱活动带来了极大威胁。这时候就不得不提被称为"飞天战衣"的宇航服。宇航服中有一层神秘的表面，能抵御外界的超低温，这个表面就是超薄气凝胶。气凝胶是一种低密度、高孔隙率的纳米多孔材料，密度仅有 3 毫克 / 厘米³，堪称世界上最轻的固体材料。气凝胶真正神奇的地方不在于它的轻，而在于它的防冷隔热性能。早在 1993 年，美国国家航空航天局（NASA）就将气凝胶应用到了航空航天领域需要保温保暖的各类器件表面（图 4-12）。3 毫米厚的气凝胶可以抵御 1300 摄氏度的气焰枪喷射，也可以抵御零下 196 摄氏度的液氮喷射。气凝胶几乎能切断热传递的所有途径，因而拥有其他材料无法比拟的隔热防冷效果。中国的"天问一号"火星探测器和"祝融号"火星车的一些设备表面，同样覆盖了气凝胶（由中国航天科工三院研

图 4-12　含气凝胶的隔热毡

发）。耐高温纳米气凝胶隔热表面可阻隔着陆发动机产生的高达 1200 摄氏度的热流，保护着陆平台的正常功能，而耐低温纳米气凝胶表面则能够确保火星车在零下 130 摄氏度的环境中正常工作。

在讨论防低温的同时，我们还需要关注表面因低温引起的结露现象，比如在炎热的夏天，我们在饮用冰镇饮料时，会发现瓶身出现很多小水珠，这就是冷表面上的冷凝现象。当潮湿的空气接触到冷的物体表面时就会产生冷凝现象，这是冷物体表面的露点低于周围空气的露点而引起的。表面产生冷凝水后，物体会

加速腐烂或损坏，如纸张、纸板箱、钢铁等。如何解决以上的问题呢？原理上很简单，使空气的露点温度低于冷表面温度，就不会有冷凝水析出，也就不会发生冷凝水破坏物体表面的现象了。有研究团队开发出一种表面防冷凝水的特殊涂料（被称为防结露涂料），它以纳米无机陶瓷基复合树脂为基料，纳米闭孔真空微粒、半闭孔微孔结构新材料、相变功能调节剂、增强纤维支撑体等为辅料，能有效控制冷凝水产生。当潮湿的空气接触到更冷或更热的表面，形成由于传热系数不均，而使热量异常快速传递的冷桥，导致温度达到结露临界点，就会产生冷凝水和结露，运用该种材料和相变新技术研制的特种防结露涂料，从根源控制空气接触的表面温度，减少温差冷断热桥的搭接，阻止冷凝临界点的出现，达到科学的结露和冷凝控制。

4.1.3　更上一层楼

▶ 1. 防火如此简单

　　一说起火焰，人们想到的肯定就是高温，但其实火焰的温度算不上特别高。平常使用的打火机外焰温度一般在 200 摄氏度左右，实验室常用的酒精灯温度仅有 400 ～ 700 摄氏度，火箭发射时发动机喷出的火焰有 2500 ～ 3000 摄氏度，这也差不多达到了火焰的极限温度；而制作白炽灯灯丝的金属钨熔点就高达 3410 摄氏度。所以对于人类来说，设计一种抵御火箭发射时喷出火焰的表面还是非常简单的。在 1903 年，一盏舞台灯的火花引燃了美国芝加哥易洛魁人剧院的幕布和舞台，并迅速演变成一场严重的火灾（图 4-13）。由于当时没有足够的疏散通道，有 600 多人在这场火灾中丧生，这几乎是美国历史上最致命的一场建筑火灾。那么怎样防火呢？有人可能会想当然地认为把所有材料都换成点不燃的金属或石头就可以高枕无忧了。但金属和石头的加工难度大、便携性低，

图 4-13　美国芝加哥易洛魁人剧院火灾前后

应用场合也有限，因此，适用领域广泛的防火材料或涂料才是科学家们的研究方向。

在初中化学教材中我们学习到燃烧的条件有三个：有可燃物、有充足的氧气、可燃物温度达到着火点，那么相应地，防火可以从以上要素着手。防火表面的作用原理可以分为以下四点：①防火表面材料难燃或不燃，使被保护基材不直接与空气接触，降低物体着火和燃烧的速度；②防火表面具有较低的导热系数，可以延缓火焰热量向被保护基材的传递；③防火表面受热分解出不燃惰性气体，冲淡被保护物体受热分解出的可燃气体，使之不易燃烧或燃烧速度减慢，比如，在含氮的防火表面受热时会分解出一氧化氮、氨等气体，中断连锁反应，降低温度；④膨胀型防火表面受热膨胀发泡，形成碳质泡沫隔热层封闭被保护的物体，延迟热量向基材的传递，阻止物体着火燃烧或因温度升高而造成的强度下降。

简单来说，防火表面材料本身具有难燃性，或者不易燃性。在材料基体上涂覆防火层或者防火涂料，当火灾发生时，防火涂料会释放阻燃气体，冲淡被保护材料燃烧释放的可燃气体，或防火涂层发生膨胀，在材料和空气中间形成隔离层，阻止材料与空气中的氧气或助燃气体持续接触而发生燃烧。其次，防火涂料还应有很低的导热系数，可以延缓火的燃烧向被保护的材料传递，达到阻燃的作用。

防火表面在建筑行业的应用最为广泛，防火砖、防火玻璃、阻燃板等都是建筑中常用的防火材料（图 4-14）。矿棉板、玻璃棉板本身不易燃，耐高温性能好，质轻；纤维增强水泥板具有强度高、耐火性能好等优点，可以作为吊顶和隔墙的防火材料；以石膏为基材的石膏防火板材自重较轻，可以减轻建筑承重，且加工容易、施工方便、装饰性好，防火性能可以满足建筑行业的需求；硅酸钙纤维板和氯氧镁防火板也是防火建筑材料中的佼佼者。这些防火材料的表面都有一个特点：含有熔点或燃点较高的物质作为阻燃成分。

 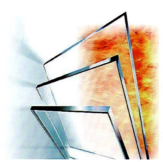 

图 4-14　防火砖、防火玻璃、阻燃板

然而，一旦温度达到这些阻燃成分的极限，这些防火表面就不能再阻挡火焰了，它们甚至还会自己燃烧。此时，烧蚀表面挺身而出，冲向了抵抗更高温度的最前线。

▷ **2.　牺牲小我，成就大我**

流星雨是天空中的多个流星体以极高速度进入地球大气层的流束。大部分的流星体在坠入大气层后都会因与空气剧烈摩擦而猛烈燃烧并发出光亮（图 4-15），使流星体表面温度急剧升高，发生烧蚀，导致表面被烧毁、升华甚至剥落，而不会击中地球的表面，能够撞击到地球表面的碎片称为陨石。人们发现这些穿越太空到达地球的陨石虽然表面已经熔融，内部却没有发生明显变化。这是因为陨石在下落过程中，表面因摩擦生热达到几千摄氏度高温而熔融，但由于穿过大气层的时间较短，热量来不及传到陨石内部。

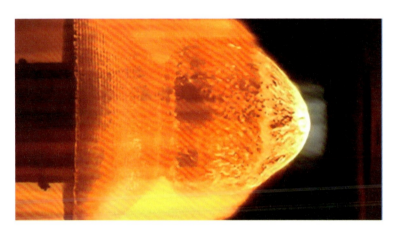

图 4-15　中国空气动力研究与发展中心超高速空气动力研究所模拟小行星进入地球大气的
烧蚀过程

"天下武功，唯快不破！"拥有超快飞行速度的飞机，加快了各国、各地区的联系，在军事领域，导弹追不上的飞机也是各国竞相研究的武器。以超高声速飞行器为例，其飞行速度达到 6 马赫（6 倍声速）时，雷达罩外壳温度可达 1480 摄氏度。而离地面 60～70 千米时，速度仍然保持在 20 马赫左右，飞行器前端的温度在 10 000 摄氏度以上，这样的高温足以使飞行器化为灰烬。高速导致高温，这似乎是一道不可逾越的障碍，人们把这种障碍称为热障。但是热障并没有阻挡住人类探索天空的步伐，那么科学家们是如何克服热障的呢？——给这些飞行器的头部戴上一顶"帽子"。这顶"帽子"是由烧蚀材料制成，能把摩擦产生的热量消耗在烧蚀材料的熔触、升华等一系列物理和化学变化中。烧蚀材料牺牲了自己，但保护了飞行器和里面的飞行员。

飞行器的自重增加，就会增大能耗，减少飞行里程。为了降低烧蚀材料的密度，并提高隔热能力，人们开始研究以高分子为主体的隔热烧蚀表面。但高分子材料相对无机非金属和金属而言，热性能其实并不突出，所以通常需要在其中加入各种填料，空心玻璃微珠或短纤维都是非常好的选择。烧蚀隔热表面主要分为升华型、碳化型、熔化型三类。石墨、碳／碳复合材料、聚四氟乙烯头罩属于升华型烧蚀材料，它是利用材料直接由固态变成气态或仅经过极短暂的液态阶段的过程吸收大量热而达到防热目的。升华所吸收的热量比熔化和蒸发吸收的热量多得多，并且烧蚀后会在表面留下温度很高的碳层，有利于热的辐射，所以其防热效果比熔化烧蚀要好。碳化型烧蚀表面主要是借助于高分子材料的高温碳化吸收热量，并进一步利用其形成的碳化层辐射散热和阻塞热流。纤维增强酚醛树脂基复合材料即属于碳化型烧蚀材料。石英和玻璃类材料头罩是熔化型烧蚀材料，其主要成分是 SiO_2，在高温下有很高的黏度，熔融后的液态膜具有一定的抵抗高速气流冲刷的能力，并能继续停留在物体表面形成稳定的液态层，吸收外界的气动热，并蒸发汽化。由于汽化潜热很大，每千克3000 多大卡（1 大卡 = 4186.8 焦耳），故选用黏度较高的石英纤维、高硅氧玻璃纤维就能充分发挥汽化潜热的吸热作用，从而尽量减轻防热层质量，达到较好的防热效果。中南大学粉末冶金国家重点实验室的黄伯云院士团队开发了一种耐 3000 摄氏度烧蚀的陶瓷涂层及其复合材料，这一发现为高超声速飞行器的研制铺平了道路 [2, 3]。

4.2 防冰的艺术

4.2.1 难以对付的冰霜

▶▶ **1. 水结冰**

魏晋时期，曹丕在《与朝歌令吴质书》中写下"浮甘瓜于清泉，沉朱李于寒水"，说的就是清泉中的甜瓜和冰镇李子，而当时的冰只有贵族才能享用。北宋时期，画家张择端的《清明上河图》中，有一家叫做"香饮子"的店面（图 4-16左）。"香饮子"其实就是一种冰镇的类似奶茶的饮品。同样成书于北宋的《东京梦华录》中"州桥夜市"一节也提及"冰雪冷元子""甘草冰雪凉水"这两种冰食（图 4-16 右）。在古代，夏天的冰是非常昂贵的，到明清时代官场甚至还有

"冰敬"，说明这时候的冰仍价值不菲。而这些冰都是冬天使用人力去凿取并保存在地下冰窖中的，以备夏天使用。

图 4-16　《清明上河图》的"香饮子"以及《东京梦华录》

　　冰，是由水分子有序排列形成的结晶，水分子间靠氢键连接在一起而形成非常"开阔"（低密度）的刚性结构。分子之间主要靠氢键作用，不过也存在范德瓦耳斯力。在常压环境下，温度高于 0 摄氏度时，冰就会开始融化，变为液态水；当温度低于 0 摄氏度时，水就会结成冰。通常在液体水中，水分子以无规则的方式自由运动。在高温下，水分子的热运动非常活跃。当温度开始下降时，水分子的热运动也逐渐减弱，它们之间的相互作用力开始起作用。当温度降到水的冰点（0 摄氏度）以下时，水分子的热运动几乎停止。在这种情况下，水分子会聚集在一起，并形成被称为结晶核的微小团簇。一旦结晶核形成，其他水分子会加入其中，使得结晶核逐渐增大。这些水分子按照规则的方式排列，形成冰晶的晶格结构。随着温度的进一步下降，冰晶的生长速度加快，冰核加速生长，水分子从液态逐渐转变为固态，形成完整的冰晶结构。

　　自然界中的冰大量存在于地球上的寒冷地区，包括南极、北极、俄罗斯奥伊米亚康地区、加拿大斯内克河地区、中国最北端的城市漠河市等。这些地区的温度常年处于冰点以下，最低温度甚至能低于零下 50 摄氏度，大量的积冰也得以长时间存在。积冰在当地造就了独特的地理环境与人文艺术，例如南极洲的冰冠景象（图 4-17）和中国的冰雕艺术（图 4-18）。

图 4-17　冰冠　　　　　　　　　　　　　　图 4-18　冰雕

　　然而，结冰现象造成的危害同样不容小觑。在寒冷的冬天，一定量的积雪结成冰后会破坏大量的公共基础设施，如 2008 年的特大强降雪，给我国的经济和人民的生命财产带来了巨大的损失，导致 129 人死亡，紧急转移安置 166 万人，直接经济损失高达 1516.5 亿元人民币。除此之外，当结冰发生在航空航天军工领域时，危害更是不可估量，其中一个最典型的例子就是飞机表面的结冰现象（图 4-19）。

图 4-19　飞机机翼结冰与飞机失速

　　飞机机体结冰会对飞机的气动外形造成很大的影响，严重影响飞行安全，其中机翼结冰的危害尤其严重。因为飞机的飞行主要依靠机翼的翼型产生压差作为升力，机翼表面结冰后其气动外形发生改变，表面光洁度也受到很大的影响，会造成气流无法按照预期的正常情况流动，导致飞行中的飞机升力严重不足而开始下坠甚至坠毁（称为"失速"），造成人员伤亡与经济损失。据不完全统计，1975 ～

1980 年，美国飞机结冰造成的事故就有 178 起；1985 年，美国陆军 101 师 248 名官兵就因飞机结冰坠毁而全部遇难；1999 ～ 2009 年，美国飞机结冰共造成飞行事故 68 起，死亡 300 多人。可以说即使是美国这样航空工业成熟的国家也深受其害。所以飞机的除冰工作是非常重要的，也是飞机在起飞到降落过程中不可忽视的重要环节。

飞机在寒冷雨雪环境下或是经过过冷云层时，机翼、发动机前缘以及外接传感器表面极易形成积冰或霜冻，情况严重时，在雪下面还会有积冰存在。由于飞机油箱里燃油的温度比较低，平时在检查飞机时经常在飞机机翼油箱下表面发现一层薄薄的结冰层；当飞机在地面滑行时，跑道上的冰雪混合物或雪泥可以被飞机轮子溅起或者被飞机发动机吹起，附着到飞机表面上，从而产生积冰。除此之外，飞机的各个操纵舵面、起落架、机舱门、通信天线和大数据探头等也很容易发生结冰，从而导致飞机的操纵与仪表参数显示受到影响。

如果襟翼、舵面或者平尾结冰的话，会影响飞机的操控，甚至会直接造成飞机失速；采用活塞或者涡桨式发动机的飞机更容易受到结冰问题的影响，螺旋桨会因为结冰而导致飞机突发滚转进入螺旋状态，导致飞行事故。2004 年 11 月，一架 CRJ-200 型飞机在包头起飞没多久就在包头机场附近坠毁，最后事故调查组认定，飞机起飞过程中机翼上存在结霜，导致机翼失速临界迎角减小，飞行员未能从失速状态中改出，最终导致飞机坠毁。此外，飞机在包头机场过夜时，存在结霜的天气条件，机翼污染物可能是霜，飞机起飞前没有进行除冰操作。

除了飞机结冰以外，船舶、高压电缆线、风力发电机表面结冰也会造成非常大的危害（图 4-20），电缆线可能会因冰的大量覆盖而断裂，风力发电机叶片处的积冰不仅影响运行效率，严重的还有可能导致叶片断裂和机组倒塌。总而言之，表面结冰在许多情况下都是有害无益的。

图 4-20　飞机机头、船舶甲板、高压线塔、风力发电机叶片结冰

▶▶ **2.** 冰成水

　　为了应对有害结冰，研究人员尝试从冰的形成机制出发进行防／除冰工作，比如抑制冰成核、防止冰生长和传播、降低冰的黏附强度等。现在最主要的防冰策略分为主动和被动两大类。生活中最常见的防结冰措施莫过于在结冰路面撒盐了。盐的主要化学成分是氯化钠，其溶于水后形成的盐水的冰点（结冰温度）大大降低，能够减少结冰现象。低温天气向飞机表面喷洒油状的丙二醇或者乙二醇液体，这些液体能在一段时间内附着在机身和机翼上，也能有效防止结冰（图 4-21）。

　　除了使用降低水冰点的方式，加热和振动也是除冰的一把好手。冰在温度高于 0 摄氏度时就会融化，所以加热是除冰最简单的方式，在易结冰的机翼前缘、风力发电机叶片上使用热装置可以使冰融化，但是在这些部位加装热装置会带来大量能源消耗、热传导损耗和结构复杂性等一系列问题。热除冰是通过

图 4-21　冰块融化；飞机起飞前除冰；路面撒盐除冰

加热材料基体，让原本的固 - 冰界面状态成为固 - 液状态，使冰能够在气动力或重力作用下滑落；机械除冰是通过电、气、声波等方式产生机械振动将表面冰层破碎，从而实现除冰。电热融冰、化学防冻剂、机械除冰、高压直流、电脉冲等主动防冰策略因其高效性得到了广泛应用，但它们也存在不少缺点。例如，加热材料表面需要不小的能耗；利用化学试剂除冰有可能导致地表径流和地下水受到污染；机械除冰费时费力，操作者还会面临潜在的危险，例如从高处滑落或者摔伤。在 2008 年的南方雪灾中，湖南省三位电力职工就是在为输电线铁塔除冰过程中铁塔突然倒塌而不幸光荣殉职。为了促进产业发展、社会经济转型，超疏水表面、滑液注入多孔表面和低模量弹性体涂层等被动防冰技术开始进入人们的视野[4-7]。

4.2.2　与冰为敌

▶▶ **1.** 不要"着急"结冰

结冰过程并不简单，并非水分子温度降低至冰点以下就能立刻转变。在我们看来简单的水结冰，其实是恢宏壮观的一个过程。100 多年前，美国物理化学家吉布斯等提出的经典成核理论认为，只有当形成的冰核超过临界尺寸时，水变成冰的这种相变才可能发生。不妨想象现在存在一片苹果树林和一群饥渴难耐的人们，这片苹果林中的苹果全是青涩到难以下咽的，但是这些苹果在某一天突然全部成熟，变得清甜可口，人们也就蜂拥而至地抢夺苹果，让自己吃得倍儿饱，只想待在苹果树林旁。这一群人就好比水分子，青涩的苹果就好比未达到临界尺寸的结晶核，而成熟的苹果就好比大小超过临界尺寸的结晶核，而这群"吃饱喝足且哪也不想去的人们"就好比冰。当水的温度降到 0 摄氏度之下的时候，也不一定会结冰，必须要有结晶核才行。一旦有了结晶核，水就会迅速结冰。当然，这个结晶核也必须足够大，否则也不能引起水的结冰（图 4-22）。

图 4-22　水结成冰

中国科学院化学研究所王健君团队[8]创造性地利用窄分布的氧化石墨烯纳米片探测临界冰核，首次在实验上证实了临界冰核的存在，并给出了临界冰核尺寸和过冷温度的关系。相关成果于 2019 年发表在《自然》期刊上。分子动力学模拟能直观地展示水的冻结过程，进一步强调了冰成核的三个基本条件，即过冷、结构波动和能量波动。控制这些必要条件可以调节冰的成核，从而达到防冰的目的。

本书 1.2.2 节提到了基于润滑性特点的润滑液注入多孔表面，其不仅具有优异的自清洁、防污能力，防冰能力也引起了人们的关注。由于润滑液注入多孔表面具有更高的自由能垒，其被认为是抑制冰核形成的有前途的候选材料。Wilson团队使用润滑液注入多孔表面研究过冷液滴的冰形核过程，过冷液滴的冰核温度为零下 24.9 摄氏度。根据该方法，得到了四种不同样品表面的过冷液滴的冰核温度，发现润滑液注入多孔表面具有显著的抑制冰核形成的能力。平坦表面被认为大大减少了冰成核位点的数量。2020 年，大连理工大学刘亚华团队[9]使用氟硅烷改性的低黏度硅油填充镁合金板，制备了润滑液注入多孔表面，其延迟结冰时间为 896 秒。2022 年，加拿大魁北克大学的 Samaneh Heydarian 团队[10]同样用硅氧烷修饰的低黏度硅油填充铝板，冰成核温度降低至零下 20 摄氏度，延迟结冰时间长达 1300 秒。因此说，润滑液注入多孔表面不仅在自清洁领域能大放异彩，在防冰领域也有着一席之地[11-13]。

与润滑液注入多孔表面不同，本书 1.1.2 节中提及的超疏水表面利用微纳米结构来增强疏水性，如果这种表面的非润湿性能在低温下保持，也就意味它在防冰领域有很大的潜力。就抑制冰成核而言，在大于临界冰成核尺寸的尺度上，过于粗糙的表面通常是利于成核的，然而，由于过冷水滴下方存在大量气穴，水滴下部仅接触超疏水表面微结构的顶端，固/液实际接触面积非常小，导致水滴局部过冷梯度较小，进而延迟结冰（图 4-23）。而冰的成核速率也是由实际固液接触面积决定，所以超疏水表面的微纳米结构同时也降低了冰的成核速率。总的来说，超疏水表面表现出很强的抑制冰形核的能力，而这种能力受微纳米结构的尺寸和实际固液接触面积的影响。中国科学院兰州化学物理研究所张俊平团队[14]使用聚二甲基硅氧烷改性二氧化硅纳米粒子，对聚氨酯进行低表面能改性，并构建微纳米结构，表面水滴在零下 15 摄氏度的条件下结冰延迟达到 2056 秒；新加坡南洋理工大学陈忠团队将二氧化硅纳米颗粒和低表面能硅烷引入环氧树脂中，构建了超疏水表面，水滴在零下 10 摄氏度的条件下结冰延迟达到 1198 秒；湖北大学尤俊团队[15]也开发了结冰延迟时间达到 1765 秒的改性聚丙烯酸酯超疏水表面。

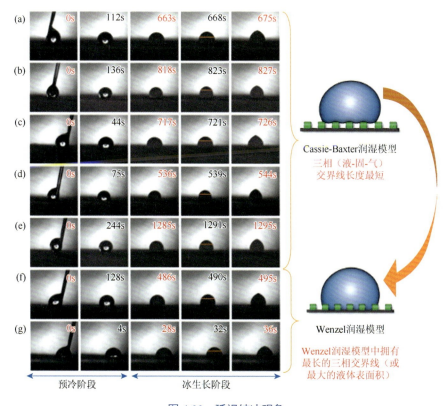

图 4-23　延迟结冰现象

从发现超疏水表面的延迟结冰现象到现在，有关超疏水防冰表面的研究层出不穷。但是表面的水终将成为冰，所以我们应当探索怎样在延迟结冰的这一段时间里，让未产生冰核的水离开表面，这样就可以防止表面结冰了，而超疏水表面和润滑液注入多孔表面在一定倾斜角度下均能够做到这一点[16-20]。

▶▶ ②. "翩翩起舞"的冰块

因为冰是一种固体，那么本书 1.2.2 节中所述的固体在表面的自清洁也是可以被防冰表面所借鉴的。在水形成冰时，冰黏附在基体材料表面，这一能力可以用黏附强度来表征，材料表面黏附强度的大小决定了除冰的难易程度。

结冰黏附可以理解为冰和基底材料之间的相互作用，冰层黏附强度是评价表面防结冰性能的参数之一。如何降低冰层黏附强度，使冰层更易去除，是设计防冰表面的重要研究方向（图 4-24）。通常采用疏水涂层来降低冰与表面的黏附强度，进而达到疏冰的目标。表面润湿性和表面粗糙度是影响冰层黏附强度的重要因素。目前已有的冰黏附机制还没有达成统一的认识，包括机械联结理论、化学黏附理论、湿润吸附理论、扩散理论、弱边界层理论、静电黏附理论等，这些理论从各个方面解释了黏附的机制，但并不全面。总的来说，黏附是分子间作用

图 4-24　滑动的冰块

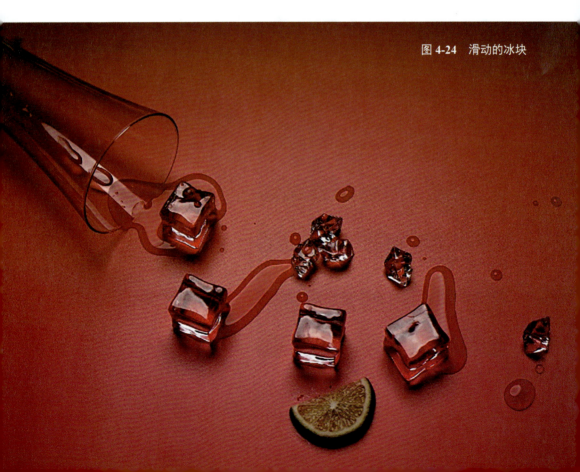

力、化学键、静电力、机械力等共同作用的结果，只是每个因素影响大小不同，破坏冰层黏附即为破坏积冰与基底材料之间的相互作用。其中固体表面能、范德瓦耳斯力、氢键力被认为是较为重要的冰黏附强度影响因素，即随着材料的物理化学特性、表面粗糙度以及表面能的变化，积冰和接触面之间的黏附力也会发生改变。冰黏附性能将是未来被动超疏水防冰技术的重点研究方向，对该技术未来广泛工业化地应用于飞行器材料领域有着奠基意义。

为了让冰块能在表面"翩翩起舞"，通过降低表面的冰黏附强度，冰在自身重力和风力、振动等外力的作用下自动脱除，达到除冰的目的。

Nosonovsky 团队揭示了微纳米结构超疏水表面低冰黏附强度的作用机制。当冰在超疏水表面形成时，被困在微结构中的气穴转变为空穴，空穴充当应力集中器，导致在剪切载荷条件下冰的黏附强度显著降低。在正常载荷下，形成的空洞会减小冰与固体表面的接触面积，导致冰的抗拉附着强度较低；但是在过冷气流条件下，由于 Cassie-Baxter 状态（1.1.2 节中提及）的破坏，多级微纳米超疏水表面将不能降低冰的附着强度。在这种情况下，表面微纳米结构发挥了机械联锁作用，提高了冰在超疏水表面的黏附强度。简单来讲，冰会和表面发生相互作用，所以冰在表面剪切移动（平行于表面移动）时需要更小的接触面积来减少与表面的黏附力，当冰的一部分嵌入微结构中时，再进行剪切移动会产生两种情况：一种是嵌入微结构中的冰依然留在结构中，另一种是会强行将微结构破坏。无论是哪一种情况，都会极大地破坏表面的完整性，不仅不能构成疏水表面，甚至有利于水滴在该位置的二次吸附与结冰，这无疑是我们不愿遇到的。

美国弗吉尼亚大学的 Mool C. Gupta 团队 [21] 将聚四氟乙烯颗粒喷涂在环氧树脂表面，获得的超疏水表面的冰黏附强度为 28 千帕，远低于抛光铝的 1120 千帕，同时，这种喷涂方式可以大面积使用。韩国工业技术研究院的 Ha Soo Hwang 团队 [22] 在铝板表面构建分层结构，并使用硅氧烷进行改性，这种超疏水防冰表面的冰黏附强度仅为 3 ～ 22.9 千帕。清华大学钟敏霖团队 [23] 采用超快激光烧蚀和化学氧化相结合的表面加工方法，设计了一种新型三尺度微纳米超疏水表面，其冰的黏附强度达到了惊人的 1.7 千帕，在 10 次除冰—结冰循环后，表面冰的黏附强度仍小于 10 千帕。只需要轻轻一吹，冰就会在这种表面上滑动起来。

通常情况下，材料断裂并不是我们所想象的那样伴随着"啪"的一声突然发生的，而要经历微观的裂纹萌生和扩展等阶段。有科学家根据内聚力模型理论提出，材料界面之间的黏结能力可以用界面黏附强度和界面韧性两种参数来表示。其中，韧性指的是物体柔软且不易折断的一种能力，生活中常见的橡胶和玻璃就分别具有高韧性和低韧性。研究人员认为，在冰层与物体表面断裂过程中，存在一个界面结合长度，界面的断裂失效由界面黏附强度占据主导作用还是界面断裂韧性占据主导作用，取决于界面结合长度的临界值。当界面结合长度大于两者之间的临界结合长度时，断裂由界面断裂韧性控制；当界面结合长度小于临界结合长度时，断裂则由界面黏附强度控制。

假设此时整个界面应力均匀分布且初始微观裂纹远小于界面结合长度，固-冰界面的断裂形式表现为冰层整体直接断裂。在除冰过程中，冰层剪切黏附强度为去除冰层的外力与冰层面积的比值，其随结冰面积的增大而增大。因此，在防/除冰领域，仅依靠涂层表面的防/除冰特性是不够的，固-冰界面的韧性与微裂纹也十分重要。

当固-冰界面结合长度大于临界结合长度时，固-冰界面断裂由界面韧性控制。这时，应力并不是均匀分布在固-冰界面，而是集中在裂纹尖端，固-冰界面的断裂形式表现为冰层中的微裂纹沿界面扩展，并最终发生断裂。

许多大型工程构件，如飞机机翼、风力发电机叶片以及船舶等表面积都较大，所以就算是冰黏附能力极低的防冰涂层，也需要不小的外力才能将整个冰块从这些结构的表面分离。这时候就不得不从界面出发，考虑表面的低黏附性和低韧性。因为界面韧性的减小会导致较低的固-冰界面断裂韧性，诱导冰层产生裂纹，这样较小的除冰外力便可使冰层失稳扩展并断裂。类似于将冰块放在填满石块的软泥地和水泥地，软泥地表面的石块在冰块移动时会发生滑移，而水泥地里的石块将岿然不动，此时水泥地的石块更容易对冰块造成破坏[24-26]。

2019年，美国密歇根大学Anish Tuteja团队[27]研究发现，低界面韧性的防冰涂层移除大面积覆冰所需的力较小，且与冰的面积无关。尽管是表面冰黏附强度较低的硅烷或是硅橡胶，其较高的界面韧性使得其对较大面积的除冰效率并不高，而制备的低界面韧性聚氯乙烯、聚苯乙烯、聚二甲基硅氧烷表面在覆冰面积较大的情况下，整体冰黏附强度明显降低。

2022年，清华大学的俞亚东团队[28]提出了一种调节界面韧性的新策略，通过添加二氧化硅纳米颗粒和苯甲基硅油来改性聚二甲基硅氧烷涂层。结果表明，二氧化硅纳米颗粒和苯甲基硅油对聚二甲基硅氧烷涂层的除冰性能具有协同作用，调整两者在聚二甲基硅氧烷基体中的添加比例，可同时降低涂层的界面韧性和黏附强度，实现在较低的恒定剪切力下具有较低的界面韧性。这种制备防冰涂层的新策略结合了疏水改性和润滑剂的作用，为低界面韧性涂层的设计与制备提供了新的思路。北京航空航天大学的陈华伟团队[29]采用多尺度互穿加固方法，开发了一种协同促进断裂和超润滑除冰的策略，在增强界面力学强度的同时，最大限度地降低了冰分离过程中的弹性变形和裂纹萌生的应力阈值，实现了界面上的快速除冰。而且即使在零下30摄氏度下连续磨损200次后，仍能保持低于20千帕的冰黏附强度，保证了动态环境下的高效持久防冰。他们还证明了该涂层在风力涡轮机叶片甚至飞机上高效防冰的实际适用性，这将有助于设计具有高耐久性和超低冰附着力的新型防冰涂层。然而，当前面向大面积高效除冰的低固-冰界面断裂韧性涂层的研究仍处于起步阶段，关于结冰面积临界尺寸以及固 - 冰界面微观裂纹的诱导机制等都有待进一步探索。

▶▶ **3.** 将除冰进行到底

被动防冰的措施在一些恶劣环境中并不能彻底将冰从表面去除，这也是现代民用航空中很少采用被动防冰涂层的原因之一。主动防冰手段由于其可靠性，在未来一段时间里仍将会是民用航空首选的防 / 除冰方法。那么如果将被动防冰和主动防冰技术结合，是否会比单纯的主动防冰方法更有效率呢？例如，被动超疏水防冰材料不能实现长程且大面积的有效防冰，但与主动电热除冰结合后，便能大大提高防 / 除冰的可靠性。当超疏水表面、超润滑表面及低界面韧性表面未能阻止结冰时，为除去表面上的冰层，常需要借助外力。正如《西游记》中孙悟空遇见自身打不过的妖怪时，常需要去向太上老君及佛祖借用法宝除妖，而对于材料表面的结冰问题也需要借助法宝除冰，这里的法宝指的是电热、光热、机械力等主动除冰方式。

使用被动和主动结合的方式防 / 除冰，大多是将热与超疏水结合，主要通过电阻或其他加热元件及薄膜等升温加热材料表面，既可使材料表面升温，阻止过冷液滴撞击后进一步发生冻结现象，达到防冰效果；也可在发生结冰现象后，升温融化界面冰层，通过外界作用力（如离心力或气动外力等），使冰层快速脱落，达到除冰效果（图 4-25）。其中，材料电加热原理是电流通过电阻时，定向

图 4-25　地热除冰路面

移动的电子与电热材料内部的分子或原子发生碰撞，其做功消耗的电能转化成热能，因此产生了电热效应，进而通过热传导的方式将热量从电热除冰模块传导到材料表面，以达到电热除冰的目的。美国莱斯大学 James M. Tour 团队[30]结合被动防冰和主动防冰，设计了一种全氟十二烷基石墨烯纳米带薄膜，其表面不仅可以利用超疏水性减少冰的黏附和减缓结冰，还可以使用电热的方法除去恶劣环境下覆在表面的冰。

目前，我国飞机最常用的除冰方法就是电热除冰。该方法通过在飞机表面安装电热元件，加热使附着在表面的冰雪发生融化，具备操作简单、效率高、除冰速度快、适应性强等优点。此外，电热除冰还可以通过调节电热元件的功率来实现不同部位的除冰，从而更好地保护飞机表面。

然而，电热除冰方法也存在一些缺点。首先，电热除冰需要使用大量电能，对飞机的电力系统和发动机负荷会造成一定影响。其次，电热除冰需要在常规维护期间进行检查和维护，增加了航空公司的运营成本。

与电热除冰技术相比，光热除冰技术引起了人们的广泛关注，太阳能作为自然界中的可持续再生能源，极大程度上降低了能量损耗。近年来，研究人员研究了如何用太阳光及人造光来替代电力，并通过结合被动防冰表面，如超疏水表面、超润滑表面和其他防冰表面等被动防冰表面来实现光热除冰。一般来说，光热效应通常发生在不同波长的光下，有可见光波段辐射、近红外辐照和红外线照射。对于光热防冰表面，利用被动防冰表面的斥水性和低冰黏附强度的特点，同时提高主动光热方法的效率，可以更容易地实现光热防冰表面的脱冰。当超疏水表面与主动光热除冰技术相结合时，冰可以在阳光照射下迅速融化成水并从表面滑落。东北林业大学的王萌团队[31]通过将具有光热效应的涂层与超疏水表面相结合，设计了一种具有改进光吸收性能的太阳能光热涂层。这种集成涂层可以将水滴的冻结温度降低到零下 35 摄氏度，使表面的冰黏附强度从 78.5 千帕降低到 12.1 千帕，并在光照条件下于 99 秒内去除表面积冰。受小麦叶片的启发，北京航空航天大学的张宏强团队[32]制备了一种具有超疏水性的太阳能防冰表面，在环境温度为零下 50 摄氏度时，该光热超疏水表面可在 1400 秒内达到 5.5 摄氏度，表现出良好的除冰效果。华南理工大学蒋果团队[33, 34]使用碳化硅和碳纳米管制备了具有光热效应的超疏水涂层，其表面温度能够在近红外光照射下迅速升高，从而达到高效除冰的目的。国防科技大学崔辛团队[35]使用氧化铁纳米粒子修饰含氟环氧树脂，同样得到了主动／被动一体化防冰表面，由于氧化铁纳米粒子的热效应，表面经红外线短时间照射即可升至 0 摄氏度以上。

这些将超疏水与电热／光热结合起来的防冰表面能在一定程度上很好地减轻结冰带来的危害，但是在这个讲究经济效应的年代，投入和产出也是我们需要关注的问题。与电热除冰技术相比，光热除冰技术受天气条件的影响较大，同时在实际的户外应用中，油等有机污染物也会阻挡和散射阳光，阻碍其除冰效率的提高，因此光热防冰表面的自清洁特性对于光热效率很重要。上海交通大学的吴淑旺团队[36]证明，通过光热效应可以将低成本、高效的超疏水光热表面的温度提高到 50 摄氏度，通过表面超疏水性和光热特性的协同作用，在 300 秒内迅速融化积聚的霜和冰。表面的超疏水性提高了污染物的去除效果。因此将超疏水表面和光热除冰技术结合可以获得有效且可靠的防 / 除冰效果。

此外，利用在表面微结构内注入润滑液，在表面形成一层超润滑层，同样是一种常见的防冰措施。由于超润滑表面在结冰—除冰循环期间润滑剂常会耗尽，通过引入光热除冰方法，可以提高润滑剂的可持续性。来自北京科技大学的吴德全团队[37]对不同劣化阶段的润滑剂注入表面、裸露阳极氧化铝和光热响应超润滑表面进行了 30 秒的霜积累实验，发现在润滑剂注入表面和裸露阳极氧化铝上的润滑剂在结冰—除冰循环中逐渐流失，而光热响应超润滑表面的润滑剂可以借助润滑剂的主成分和光热效应来维持。在结冰—除冰循环期间，注入普通液体的表面会逐渐失去液体润滑剂，而光热响应超润滑表面可以减少液体润滑剂的消耗。这是因为液体润滑剂在光热效应下与冰 / 霜融化成的水不混溶，从而可在结冰—除冰循环中保持稳定性。浙江大学的张广发团队[38]也发现，三甘醇注入润滑表面可以实现 1.1 千帕的超低冰黏附强度，并在结冰—除冰循环中保持较低的冰黏附强度，然后在该润滑表面嵌入具有优异光热效应的磁性 Fe_3O_4 纳米粒子，赋予其主动热除冰性能，从而为协同防冰和热致除冰性能提供了更多样化的途径。因此，超润滑表面与光热效应相结合，不仅提高了除冰效率，而且由于除冰时间相对较短，延长了注入润滑剂的可持续性。然而，太阳光引起的表面温度升高可能会影响除冰过程后注入润滑剂的稳定性，从而影响光热响应超润滑表面在户外的长期应用。被动防冰策略与主动光热除冰技术的协同效应将有助于提高防 / 除冰的可靠性和效率，在实际户外应用中实现低成本、高效的防 / 除冰。未来，需要进一步研究各种被动防冰表面中光热吸收体的稳定性和可持续性[39,40]。

光热除冰离不开太阳光，那么光热防冰表面在阴雨连绵的天气还能起作用吗？别怕！虽然光热防冰表面不能有效地用于各种天气下的户外防 / 除冰应用，但多余的光热能可以被能量装置储存，在必要时释放，解决涂层光热效应不足时，表面除冰不完全的问题。有研究者提出将光热防冰表面与电热除冰技术相结合的另一种除冰方法，致力于实现真正实用的在各种天气下的防 / 除冰。中国科学院兰州化学物理研究所的俞波团队利用太阳能热效应和电热效应设计了一种全天候的防 / 除冰涂层，即使在阴天或寒冷天气，这种涂层也可以保持温暖以防止结冰。此外，针对被动防冰表面的选择需要适合不同的加热机制，以便同时应用电加热和太阳能加热方式。

当结冰面积增大时，即使同时使用电加热和光热除冰技术，仍然要消耗不少的能量，这时就需要另外一个小伙伴——低界面韧性涂层发挥作用，与主动除冰技术相结合。来自不列颠哥伦比亚大学的 Zahra 团队研究了涂层与冰的界面韧性和温度的关系，并利用嵌入式电加热进行调节，在不融化界面的情况下实现除冰。他们发现，冰与超高分子聚乙烯在零下 30 摄氏度时的界面韧性比在零下 5 摄氏度时大 2.2 倍。在低界面韧性涂层材料下方嵌入图案化电阻加热器，并通过局部优化将温度提高但仍低于 0 摄氏度时，可以调节固 - 冰界面的界面韧性。并且由于冰和水在谐振频率下介电特性的显著差异，通过在低界面韧性涂层材料下方嵌入微波谐振传感器，能够实时监控和检测冰的形成与清除。由此可见，主动除冰系统能够按需将高的固 - 冰界面韧性转换为低的固 - 冰界面韧性，以便在固 - 冰界面不融化的情况下进行大规模除冰。这种混合式智能低界面韧性涂层除冰系统适用于飞机、风力发电等易结冰领域，具有广阔的应用前景。

此外，不只是依靠产生热量除冰的方式得到重视，将机械振动与超疏水表面相结合的除冰方法也得到广泛应用。机械除冰是通过使用电、气、声波等产生的机械作用力，使冰破碎并借助气流将冰吹走，以达到清除表面冰层的目的。典型的机械除冰技术包括电脉冲除冰、气动罩除冰和压电除冰等。其中，电脉冲除冰利用安装在材料内部的电脉冲发生器等装置，通过电场作用，在材料表面产生涡流，使其发生变形和振动，进而使冰层破裂并脱落。这种方法除冰效率高，但能量转化效率低，而且易造成材料表面的损伤。气动罩除冰和压电除冰也被广泛应用于飞机除冰。气动罩除冰是在飞机的翼展或翼弦方向安装膨胀管，通过管道的扩张和收缩作用击碎冰层并借助气流的作用使其去除。这种除冰方式具有较好的除冰效果，但膨胀管常出现老化问题，需要及时更换，并且在使用过程中可能会破坏气动外形，对飞行安全性和稳定性产生威胁。压电除冰方法则是利用压电元件通过逆压电效应，在电场作用下产生机械应力，从而驱动压电陶瓷振动并利用表面剪切力和冲击力去除附着冰层，表现出较好的除冰效果，但仍然具有能耗较大的缺点。

电脉冲除冰技术最早出现于第二次世界大战之前，基本原理是采用电容器组向线圈放电，由线圈产生强磁场，在飞机蒙皮上产生一个幅值高、持续时间极为短暂的机械力，使冰发生破裂而脱落。1965 年，苏联能源与电气部的 Levin 博士首次发表电脉冲除冰系统应用于飞机除冰的可行性的论文。此后，电脉冲除冰技术研究掀起热潮，苏联在不少国家申请了电脉冲除冰技术专利。自苏联研发至今，一共有三代电脉冲除冰系统问世，主要安装在伊尔（IL）系列飞机上。电脉冲除冰系统在 -50 ～ 0 摄氏度时具有完美的除冰功效。

苏联时期，飞机电脉冲除冰系统销售员积极向西欧国家推销该系统，但对技术的保密相当严格，他国很难搜集其相关设计研究资料。受苏联电脉冲除冰系统研发成果的鼓舞，法国、英国和美国的不少公司也开始投入该系统的研究，但由于各种原因，研发未能继续。20 世纪 70 年代末，美国联邦航空管理局（FAA）也对电脉冲除冰系统产生了一定兴趣，为此美国刘易斯研究中心专门成立项目组进行开发，以 Wichita 州立大学为主要研究团队，历时 10 余年，开发了一套电脉冲除冰系统电路参数设计程序。他们进行了多项除冰试验（包括发动机进气口与机翼等部位），并申请了系列专利，同时也开始论证该系统的飞行安全性，且着手研究低电压脉冲除冰技术。但其研究工作不如俄罗斯深入，理论应用不具有普遍性。

尽管仍有研究人员孜孜不倦地对电脉冲除冰系统进行探索，但研究经费与技术难关等原因使得该系统的发展又进入低迷期，安全性论证的缺乏也限制了该系统的推广。即使如此，俄罗斯装载了电脉冲除冰系统的伊尔系列飞机依旧表现出良好的运行前景，这燃起了我国科研人员研发电脉冲除冰系统的热情。南京航空航天大学裘燮纲教授于 1993 年发表了关于电脉冲设计参数研究的论文，但由于研发难度大以及缺少经费支持，该技术一直未能获得重视。直至 21 世纪初，由于全球节能的需要与飞机除冰系统多样化的研究，国内才逐渐留意到飞机除冰领域中具有低能耗优势的电脉冲除冰系统，南京航空航天大学、北京航空航天大学、西北工业大学等高校以及研究院所纷纷对该项技术展开了研究。

压电除冰技术作为一种新型除冰技术，由于低能耗的优点受到了广泛关注。压电除冰相较电热除冰而言，能够避免融冰回流再结冰的问题且能耗较低。虽然，目前被动防冰表面与主动除冰方式相结合的除冰策略研究并不多，但在未来，随着科技的不断进步和应用领域的不断拓展，被动防冰表面和主动除冰技术的结合将会得到更多的研究与应用。西北工业大学的魏卓团队 [41] 将低频振动除冰应用到超疏水电热除冰方案中，研究其增益效果，试验显示，该复合除冰系统启动后 30 秒内即可使冰层全部脱落；他们还建立了连接层受力断裂的除冰模型，验证了低频振动是通过对连接层施加持续的机械剪切作用破坏冰层黏附，这也为多种防 / 除冰技术的复合提供了新的研究方向。

此外，在被动超疏水防冰材料兴起的同时，许多研究者对"亲水表面一定不防冰"理论提出了质疑。有研究者证明了超亲水聚电解质表面用于防冰的可行性。面对冰的危害，人类仍在不懈探索完美的防冰表面 [42-48]，希望正在看这本书的你们能够成为"冰"的最大克星！

参 考 文 献

[1] 砖瓦房的重生——咸阳·莪子村红砖房 . 砖瓦，2021，（11）：17-19.

[2] 谢磊，吴会军，江向阳，等 . 建筑隔热保温涂料研究及应用进展 . 新型建筑材料，2022，49（5）：114-118.

[3] 侯志全，赵军明，何勃，等 . 隔热保温材料的研究进展 . 广东化工，2018，45（7）：163，171.

[4] Shen Y Z，Wu X H，Tao J，et al. Icephobic materials：Fundamentals，performance evaluation，and applications. Progress in Materials Science，2019，103：509-557.

[5] 王喆，沈一洲，刘森云，等.低冰粘附力涂层的设计与制备技术研究进展.表面技术，2021，50（8）：18-27.

[6] 郭峰，战琦琦，曹雪娟，等.热反射型降温涂料的研究进展.化工新型材料，2020，48（9）：285-288.

[7] 沈一洲，谢欣瑜，陶杰，等.超疏水防冰材料的理论基础与应用研究进展.中国材料进展，2022，41（5）：388-397.

[8] Dou R M，Chen J，Zhang Y F，et al. Anti-icing coating with an aqueous lubricating layer. ACS Applied Materials & Interfaces，2014，6（10）：6998-7003.

[9] Liu C，Li Y L，Lu C G，et al. Robust slippery liquid-infused porous network surfaces for enhanced anti-icing/deicing performance. ACS Applied Materials & Interfaces，2020，12（22）：25471-25477.

[10] Heydarian S，Maghsoudi K，Jafari R，et al. Fabrication of liquid-infused textured surfaces（LITS）：the effect of surface textures on anti-icing properties and durability. Materials Today Communications，2022，32：103935.

[11] Rao Q Q，Lu Y L，Song L N，et al. Highly efficient self-repairing slippery liquid-infused surface with promising anti-icing and anti-fouling performance. ACS Applied Materials & Interfaces，2021，13（33）：40032-40041.

[12] Kim P，Wong T S，Alvarenga J，et al. Liquid-infused nanostructured surfaces with extreme anti-ice and anti-frost performance. ACS Nano，2012，6（8）：6569-6577.

[13] Yuan Y，Xiang H Y，Liu G Y，et al. Self-repairing performance of slippery liquid infused porous surfaces for durable anti-icing. Advanced Materials Interfaces，2022，9（10）：2101968.

[14] Xie H，Wei J F，Duan S Y，et al. Non-fluorinated and durable photothermal superhydrophobic coatings based on attapulgite nanorods for efficient anti-icing and deicing. Chemical Engineering Journal，2022，428：132585.

[15] Wu Y L，She W，Shi D A，et al. An extremely chemical and mechanically durable siloxane bearing copolymer coating with self-crosslinkable and anti-icing properties. Composites Part B：Engineering，2020，195：108031.

[16] Shen Y Z，Li K L，Chen H F，et al. Superhydrophobic F-SiO$_2$ @PDMS composite coatings prepared by a two-step spraying method for the interface erosion mechanism and anti-corrosive applications. Chemical Engineering Journal，2021，413：127455.

[17] Mittal K L，Choi C H. Ice Adhesion：Mechanism，Measurement and Mitigation. New York：John Wiley & Sons，Inc，2020.

[18] Chen P G，Tian S，Guo H S，et al. An extreme environment-tolerant anti-icing coating. Chemical Engineering Science，2022，262：118010.

[19] Li C，Li X H，Tao C，et al. Amphiphilic antifogging/anti-icing coatings containing POSS-PDMAEMA-b-PSBMA. ACS Applied Materials & Interfaces，2017，9（27）：22959-22969.

[20] Hao X Q，Sun Z R，Wu S W，et al. Self-lubricative organic–inorganic hybrid coating with anti-icing and anti-waxing performances by grafting liquid-like polydimethylsiloxane. Advanced Materials Interfaces，2022，9（18）：2200160.

[21] Qin C C，Mulroney A T，Gupta M C. Anti-icing epoxy resin surface modified by spray coating of PTFE Teflon particles for wind turbine blades. Materials Today Communications，2020，22：100770.

[22] Lo T N H，Lee J，Hwang H S，et al. Nanoscale coatings derived from fluoroalkyl and PDMS alkoxysilanes on rough aluminum surfaces for improved durability and anti-icing properties. ACS Applied Nano Materials，2021，4（7）：7493-7501.

[23] Pan R，Zhang H J，Zhong M L. Triple-scale superhydrophobic surface with excellent anti-icing and icephobic performance via ultrafast laser hybrid fabrication. ACS Applied Materials & Interfaces，2021，13（1）：1743-1753.

[24] Chen J，Luo Z Q，Fan Q R，et al. Anti-ice coating inspired by ice skating. Small，2014，10（22）：4693-4699.

[25] 郭琦，申晓斌，林贵平，等. 积冰粘附力试验及影响因素分析. 飞机设计，2019，39（4）：33-37.

[26] Wang Z，Zhao Z H，Wen G，et al. Fracture-promoted ultraslippery ice detachment interface for long-lasting anti-icing. ACS Nano，2023，17（14）：13724-13733.

[27] Golovin K，Dhyani A，Thouless M D，et al. Low-interfacial toughness materials for effective large-scale deicing. Science，2019，364（6438）：371-375.

[28] Yu Y D，Chen L，Weng D，et al. Effect of doping SiO$_2$ nanoparticles and phenylmethyl silicone oil on the large-scale deicing property of PDMS coatings. ACS Applied Materials & Interfaces，2022，14（42）：48250-48261.

[29] Liu X L，Chen H W，Zhao Z H，et al. Slippery liquid-infused porous electric heating coating for anti-icing and de-icing applications. Surface and Coatings Technology，2019，374：889-896.

[30] Wang T，Zheng Y H，Raji A R O，et al. Passive anti-icing and active deicing films. ACS Applied Materials & Interfaces，2016，8（22）：14169-14173.

[31] Wang M，Yang T H，Cao G L，et al. Simulation-guided construction of solar thermal coating with enhanced light absorption capacity for effective icephobicity. Chemical Engineering Journal，2021，408：127316.

[32] Zhang H Q，Zhao G L，Wu S W，et al. Solar anti-icing surface with enhanced condensate self-removing at extreme environmental conditions. PANS，2021，118（18）：e2100978118.

[33] Hu J H，Jiang G. Superhydrophobic coatings on iodine doped substrate with photothermal deicing and passive anti-icing properties. Surface and Coatings Technology，2020，402：126342.

[34] Jiang G，Chen L，Zhang S D，et al. Superhydrophobic SiC/CNTs coatings with photothermal deicing and passive anti-icing properties. ACS Applied Materials & Interfaces，2018，10（42）：36505-36511.

[35] Wu B R，Cui X，Jiang H Y，et al. A superhydrophobic coating harvesting mechanical robustness，passive anti-icing and active de-icing performances. Journal of Colloid and Interface Science，2021，590：301-310.

[36] Wu S W，Du Y J，Alsaid Y，et al. Superhydrophobic photothermal icephobic surfaces based on candle soot. PANS，2020，117（21）：11240-11246.

[37] Wu D Q，Ma L W，Zhang F，et al. Durable deicing lubricant-infused surface with photothermally switchable hydrophobic/slippery property. Materials & Design，2020，185：108236.

[38] Zhang G F，Zhang Q H，Cheng T T，et al. Polyols-infused slippery surfaces based on magnetic Fe$_3$O$_4$-functionalized polymer hybrids for enhanced multifunctional anti-icing and deicing properties. Langmuir，2018，34（13）：4052-4058.

[39] Zhang F，Xu D，Zhang D W，et al. A durable and photothermal superhydrophobic coating with entwinned CNTs-SiO$_2$ hybrids for anti-icing applications. Chemical Engineering Journal，2021，423：130238.

[40] Zhu T X，Cheng Y，Huang J Y，et al. A transparent superhydrophobic coating with mechanochemical robustness for anti-icing，photocatalysis and self-cleaning. Chemical Engineering Journal，2020，399：125746.

[41] 魏卓，姚井淳，石小鑫，等. 低频振动对超疏水电热除冰方法的增益效果探究. 航空科学技术，2022，33（11）：70-75.

[42] Zhang J L，Gu C D，Tu J P. Robust slippery coating with superior corrosion resistance and anti-icing performance for AZ31B Mg alloy protection. ACS Applied Materials & Interfaces，2017，9（12）：11247-11257.

[43] 曹祥康，孙晓光，蔡光义，等. 耐久型超疏水表面：理论模型、制备策略和评价方法. 化学进展，2021，33（9）：1525-1537.

[44] Zheng Z H，Liao C C，Xia Y R，et al. Facile fabrication of robust，biomimetic and superhydrophobic polymer/graphene-based coatings with self-cleaning，oil-water separation，anti-icing and corrosion resistance properties.

Colloids and Surfaces A : Physicochemical and Engineering Aspects，2021，627 : 127164.

[45] Zheng S L，Bellido-Aguilar D A，Wu X H，et al. Durable waterborne hydrophobic bio-epoxy coating with improved anti-icing and self-cleaning performance. ACS Sustainable Chemistry & Engineering，2019，7（1）：641-649.

[46] Emelyanenko A M，Boinovich L B，Bezdomnikov A A，et al. Reinforced superhydrophobic coating on silicone rubber for longstanding anti-icing performance in severe conditions. ACS Applied Materials & Interfaces，2017，9（28）：24210-24219.

[47] Shen Y Z，Wu Y，Tao J，et al. Spraying fabrication of durable and transparent coatings for anti-icing application：dynamic water repellency，icing delay，and ice adhesion. ACS Applied Materials & Interfaces，2019，11（3）：3590-3598.

[48] Liu Y B，Xu R N，Luo N，et al. All-day anti-icing/de-icing coating by solar-thermal and electric-thermal effects. Advanced Materials Technologies，2021，6（11）：2100371.

5.1 擅长躲避的飞蛾

5.1.1 飞蛾大战蝙蝠

夜幕降临，漆黑的夜空中有一群小动物们开始"工作"，其中有些享受夜间的凉风，而有些趁着夜间进行捕食。蝙蝠（图 5-1 左）就是其中一种只在晚上捕食的动物，它的活动时间一般是傍晚到第二天太阳升起的时分。蝙蝠作为夜行动物，其实夜间视力十分有限，但它能够发出超声波，利用回波定位的方法确定周围障碍物或是猎物的位置。而且蝙蝠的探测能力极强，回波强度即使降至发射时的百万分之一，依旧可被它探知。强大的捕食效率使得蝙蝠成为"夜空幽灵"，面对猎物几乎一抓一个准。飞蛾（图 5-1 右）对蝙蝠来说是美味可口的大餐，在夜空中的飞蛾没有极快的飞行速度，很难逃过蝙蝠的追捕。但生物界的"军备竞赛"从未停止，飞蛾在长时间的进化过程中，拥有了可以探测广域超声波的感觉细胞。当感知到蝙蝠的超声波后，飞蛾会进行一系列飞行姿态的调整，有点像现代空战中，一方战机被雷达制导导弹锁定后，通过进行大幅度机动动作来摆脱敌方战机的雷达视野。蝙蝠与飞蛾复刻了这种"现代空战"。

图 5-1　蝙蝠与飞蛾

但是，飞蛾并不能一直处于大幅度机动状态。当它平缓飞行时，通常双翅以最大幅度展开，整体呈三角形或扇形，这样的飞行方式不利于波反射。2020 年英国科研人员分析了飞蛾翅膀的微结构，发现这层平铺的薄鳞片具有非凡的吸波特性，能吸收高达 85% 的超声波，影响蝙蝠回声定位的准确性。飞蛾翅膀的这层鳞片为飞蛾穿上了"隐身衣"。英国布里斯托大学的 Thomas Neil 发现飞蛾胸部的皮毛上存在大量的孔洞，能够使声波透过或被吸收，使得飞蛾在夜空中能够更加无所畏惧。

5.1.2 飞蛾的另一件法宝

飞蛾不仅翅膀、胸部皮毛上存在抗反射结构,眼睛也拥有抗反射能力。飞蛾的复眼表面微结构(图 5-2)是可见光频率范围内电磁波抗反射的典型模型,它是整齐排列的六边形隆起(六边形的小眼阵列),每个六边形都可以看成单个光学元件,其组成的这种亚波长结构可以消除可见光的反射。飞蛾复眼的这一特性虽然没有飞翼结构翅膀和胸部皮毛那么重要,但也有利于飞蛾在黑夜中逃脱猎物的追捕。

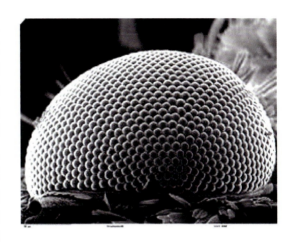

图 5-2 飞蛾的复眼

虎尾科技大学的 Kuo 等[1]制备了一种非紧密填充聚苯乙烯纳米球单分子膜,并将飞蛾复眼的亚波长结构复制到玻璃基板表面上;大连理工大学的张维平团队[2]受飞蛾复眼表面模型的启发,设计了多级结构的新型光子材料,这种仿生飞蛾眼结构未来可应用于太阳能电池、显示器、发光二极管和其他光学器件;中国科学院大学的李彤团队通过在硅基体上进行自发的纳米相分离,构建了具有宽带抗反射功能的人工飞蛾复眼结构。南京航空航天大学的姬广斌团队[3]以飞蛾复眼结构为模型,使用导电石墨粉作为吸波剂,设计了类碳基宽带吸收器结构表面。大连理工大学吸波材料研究室基于飞蛾复眼仿生原理构造了超表面结构(超表面概念将在 7.1.4 节具体介绍),实现了表面的结构宽带可控微波隐身、红外隐身、可见光变色隐身以及自清洁功能。

5.2 怎样从雷达上消失

5.2.1 真实的"外星科技"

1. 隐身战机的问世

20 世纪 30 年代,雷达的出现使得超视距作战逐渐成为战争的主流。为了应对雷达的超视距探测，隐身战机成为各个国家争先恐后想得到的战争机器。研究表明，雷达吸波材料对表面隐身性能的贡献率只占 10%，而减小雷达截面积的贡献率高达 90%。在某些特定的信号频率范围内，吸波材料可能会发挥更大的作用。但通过设计外形来增强隐身性能的技术进展缓慢，而与隐身相关的材料研究正在飞速发展。二战时期，德国的空军力量是世界上极其强大的存在，但雷达的出现对其造成了较大的威胁，当时的空军总司令格林要求国家航空部在最短的时间内研制出 1000 千米时速、能携带 1000 千克的炸弹、单向航程 1000 千米的飞机。这一疯狂的要求使得德国航空部鸦雀无声，但民间飞行俱乐部的霍顿兄弟觉得这些都可以成为现实。

霍顿兄弟于 1933 年就在自家仓库做出了一架全尺寸的飞翼式滑翔机，19 岁的沃尔特驾驶这架滑翔机成功试飞了 100 米左右。后来，两兄弟开始从无动力滑翔机转向有动力复合材料飞机的设计，他们设计的远程轰炸机并没有受到德国航空部的重视，因为对方觉得他们过于年轻。霍顿兄弟在接下来的几年着重研究飞翼式布局的飞机设计，这种设计会减小机身受到的附加阻力，使飞机获得相对较高的速度，燃油效率也比较高。德国航空部采纳了这一设计，并奖励兄弟俩 50 万德国马克（20 世纪德国的交易货币）。但飞翼式布局飞机因为没有向后延伸的尾翼组，在纵向配平和稳定性等方面存在缺陷，只能通过大翼展的后掠翼，并将翼尖尽可能向后伸展以远离机身重心，再在机翼处设置扰流片来改进。经过霍顿兄弟几年的努力，世界上第一款飞翼式布局战机 Ho-229（图 5-3）终于诞生，它不仅能实现"3 个 1000"目标，而且难以被地面雷达探测到。其原因有两点：首先是它采用的飞翼式气动布局相对于传统飞机的 V 式布局，雷达反射截面更

图 5-3　Ho-229 概念图

小；其次，由于当时资金短缺，整个机身夹层是由钢管焊接而成的，机翼部分甚至只是由木炭和木屑的混合物黏接起来的木头机翼。而木质材料有一定的透波效果，对电磁波的反射率也比全金属飞机低得多。如此巧合也让 Ho-229 成为世界上第一架隐身飞机，但最终因为各方面的原因而未能量产。

▶▶ 2. 饱受争议的"夜鹰"

很多人认为世界上第一架"隐身飞机"应该是美国的夜鹰 F-117 攻击机（图 5-4）。在 20 世纪 90 年代，世界各国的军事迷们首次在新闻、报纸、杂志上见到"夜鹰"的真面目时都大为震惊，它拥有奇特的多面体外形，无圆弧表面设计使得它看起来像个外星来物。当时美国自己的雷达甚至都无法探测到"夜鹰"的存在，这也归因于"夜鹰"极好的雷达吸波性能，在需要地面人员指引任务时，"夜鹰"会伸出机腹的龙勃透镜来暴露自己的位置。

F-117 攻击机是全球第一款重点从外形加强隐身的飞机，其垂尾、前机身和进气道等设计有一定的倾角，能尽量避免垂直表面对雷达波的强反射，机翼和机身按融合体设计，武器也采取内挂设计。"夜鹰"攻击机的设计理念其实来自苏联，当时的莫斯科无线电工程学院首席科学家彼得乌菲姆谢夫在 1964 年发表了一篇题为《物理理论中的边缘电磁波绕射方式》的学术论文，计算了给定任意二

图 5-4　F-117 攻击机"夜鹰"

维物体外形的雷达散射截面。洛克希德·马丁公司的臭鼬工厂对这篇论文表现了极大的兴趣，工厂的研究人员认为可以利用这种理论将飞机变为完全隐身。经过一段时间的努力，他们设计出了由八个三角形平面组成的菱形八面体机型模型，也造就了"夜鹰"科幻般的外表和卓越的隐身性能。

但"夜鹰"的传奇故事并没有持续很久，它作为战斗轰炸机，机动性和作战半径都不如当时的普通二代机，唯一能引以为豪的隐身性能在 1999 年的科索沃战争中也饱受争议。关于被击落的两架 F-117 到底是如何被地面防空部队发现，至今没有官方的说法。但值得一提的是，F-117 的隐身表面设计是在复合材料与涂层间加入碳粉、金属粉等导电材料，通过调整隐身表面的介电性能与磁特性，提高飞机表面对特定频率雷达波的吸收能力。而雷达的种类也有许多，一旦飞机的隐身涂层对探测波段吸收率较低，可能会导致飞机被发现，这样一来，防空导弹就会锁定目标进行打击。因此，飞机的隐身表面不仅需要对特定波段有较高的吸收率，还要对更广泛的波段具有一定的吸收能力。

5.2.2　对抗雷达的手段

▶ 1. 眼观六路，耳听八方

在雷达还没有出现前，人们通常是靠耳朵来监测远处的动静。第一次世界大战时，空军用实战证明了制空权的价值，同时各国也在研究怎样通过技术手段提前获悉敌方战机的来袭方向、数量甚至是型号，但二战期间探测雷达仍然没有被广泛使用，而对空听音器就是西方国家用来预警飞机的最佳手段。人们会通过这些声音放大装置对远距离的发声目标进行监测，有些大型监测装置甚至需要多人合作（图 5-5），听响度和发动机的声音来判断飞机距离和型号，还有记录人员、测算人员、望远镜观察人员等，长期的经验积累使他们对飞机型号、方位和距离等信息的判断能够达到很高的准确性。

图 5-5　依靠人耳"听"飞机的方位

最初的雷达理论发源于奥地利物理学家多普勒在 1842 年提出的多普勒效应，并据此制备出了最早的多普勒式雷达。20 世纪初德国工程师许尔斯迈尔利用无线电波回声探测的装置防止海上船舶相撞，而世界上第一台实用雷达的诞生源于一次不成熟的尝试。20 世纪 30 年代的英国在军事方面缺乏高水平的技术和研究人员，导致一些工业技术逐渐落后于德国，但英国希望能够弯道超车，便提出了许多前沿的想法，如反坦克炮、高机动轻型坦克、轨道飞机、单兵直升机等。能射下飞机的高射炮和用来破译秘密情报的图灵计算机，算得上是英国能拿得出手的少数"黑科技"。而为了应对德国庞大的空军力量，"死亡射线"也因此诞生。"死亡射线"最初的目的是将超强的电磁波集中至一点，让德国的飞机电子系统瘫痪，但最后以失败告终。但也有人认为可以将电磁波杀伤敌机转化为用电磁波探测敌机的位置。现代雷达之父——罗伯特·沃特森·瓦特在 1935 年初使用简易的电波发射装置和接收装置探测到 13 千米外飞行的"黑福德"轰炸机。经过一段时间的技术攻关，瓦特团队研制出了能发现 80 千米外目标的雷达，这些早期雷达虽然技术尚不成熟，但为英国海空军提供了重要支持，使其在二战战场上得以有能力面对庞大的德国空军力量，为最终的反攻提供条件。

二战以后的雷达发展迅速，出现了脉冲多普勒雷达、以虚拟的阵列天线为主的高分辨率合成孔径雷达、通过计算机控制扫描波束方向的有 / 无源相控阵雷达等。雷达对于目标的探测不仅能够全时间段进行，而且不受天气条件的约束，不仅是军事上必不可少的装备，在社会经济发展（如环境监测、天气预报、资源勘探等）和科学研究中也扮演着重要角色（图 5-6）。

各种雷达的用途和结构虽然有差异，但核心部件均是发射器、接收器、处理器以及显示器。雷达的发射器就像眼睛，接收器就像耳朵，发射器通过天线把电磁波射向空间的某一方向，位于此方向上的物体反射的电磁波被雷达的接收器所接收，再被送至处理器提取有关该物体的位置信息。

图 5-6　小型雷达

▶ **2. 吸收雷达波**

图 5-7　铁氧体块

为了躲避雷达的追踪，人们研究了多种吸波表面，并应用于军用飞机、舰船等。吸波表面就是吸收入射的电磁波，将其转化成其他形式能量的一种表面，它能使现代雷达对一些攻击武器进行精确制导。目前用作吸波表面的材料有铁氧体类型（图 5-7）、羰基铁类型、陶瓷基、放射性同位素材料、聚合物基吸波涂层等。

铁氧体在防雷达反射涂层中最为常见，它是一种非金属磁性材料，由三氧化二铁和一种或多种其他金属氧化物烧结而成，其良好的吸波性能和低廉的价格使其广泛被应用于雷达吸波涂料中。在飞机涂层表面中加入铁氧体小球，然后雷达波从涂层中的交变磁场诱导分子振荡，将电磁波的能量转换为热量，最终被耗散。羰基铁类型中包括各种羰基合金粉，它们通常被添加在涂层中以提高其吸收性能，美国的 F/A-18C/D 飞机表面与机翼就使用了这种羰基铁掺杂涂层，来减小雷达反射截面，但这些金属微粉吸波材料在低频波段吸收性能较差[4]。

碳材料作为聚合物基复合材料的填料能赋予聚合物更加优异的性能。其种类繁多，有石墨烯、碳纳米管、碳纳米纤维、炭黑等。它们通常具有优良的介电性能和导热性能，但由于只能吸收特定的电磁波，因此在应用到雷达吸收表面时，需要同其他磁性金属和金属氧化物等结合使用。在碳纳米管里填充钴、镍等金属，提高其吸收频带宽度，再将碳纳米管混合进各种基底材料，便能形成更为高效的吸波表面；使用金属包覆碳纳米纤维也是为了提高吸收频带宽度，最后将它们加入聚合物中混合并涂覆在飞机表面[5-7]上。

空心陶瓷微珠（图 5-8）是近年来兴起的一种特殊无机非金属材料，它本身并不具有吸波能力，但经过一系列的表面改性，可以赋予其对电磁波的吸收能力。改性后的空心陶瓷微珠密度低、强度大，应用在微波吸收或电磁屏蔽表面中有较好的效果。除了陶瓷基吸波表面，利用高聚物实现阻抗匹配和电磁损耗也引起了各研究机构的重视。美国卡内基梅隆大学使用视黄基席夫碱制成的吸波涂层可使目标的雷达有效截面减小 80%，而比重只有铁氧体的 10%。将苯胺和氰酸盐晶须的混合物加入聚氨酯或其他聚合物基体中，再使用喷枪将聚合物溶液喷至基底形成吸波涂层。这种吸波涂层的特点是吸波剂能在涂层内分布均匀，不必增加厚度来提高频带宽度，只要采用喷枪就可以在飞机任何部位实施均匀喷涂。

图 5-8　空心陶瓷微珠

放射性同位素（如钋 -210、锔 -242 和锶 -90 等）产生的等离子体也能够有效地吸收电磁波，其原理是等离子体中的自由电子和入射电磁波产生的电场会发生相互作用，形成频率等于电磁波载波频率的振荡，在振荡的过程中，电子与分子、原子以及离子发生碰撞，提高了这些粒子的动能，而这些增加的动能就成了介质的热量，使电磁波发生耗散。放射性同位素吸波涂层不仅轻薄，还具有吸收频带宽等优点。此外，放射性同位素还可以吸收红外波段的辐射以及声波等，是理想的多功能吸收剂。

聚合物基吸波涂层主要依靠聚合物中共轭 π 电子向络合物的电荷转移效应，并赋予了聚合物导电性能，通过阻抗匹配和电磁损耗的方式来进行吸波。美国信号产品公司设计了一种以氰酸酯晶须和导电的聚苯胺作吸收剂[8-12]的吸波涂料，能够吸收 5 ～ 200 吉赫兹雷达波段。

5.3 与背景融为一体

5.3.1 完美伪装

▶▶ 1. 大自然中的"躲猫猫"

光学隐身能力长久以来都只在科幻小说、影视剧中出现，例如在经典科幻电影《铁血战士》中，外星猎手铁血战士们身着光学隐身盔甲，潜伏在猎物附近，使用冷兵器与等离子武器猎杀人类。实际上，自然界中就有很多光学隐身的例子。

竹节虫（图5-9上）算得上是自然界中著名的伪装大师，树枝和竹枝是它最常见的栖息地，它那细长而分节明显的身体和竹枝非常相似。同时，它还可以根据环境中湿度、温度的变化来改变体色，使自身完全融入周围的环境中，不被鸟类、蜥蜴、蜘蛛等天敌发现。竹节虫这种以假乱真的本领，在生物学上称为拟态，即某些生物在形状、色泽、斑纹等外表特性上与其他生物或非生物相似的现

图 5-9　竹节虫与枯叶蝶

象。拟态可以降低该生物被捕食者捕猎的概率，是自然界生物的一种适应现象，是长期自然选择的结果，对生物的生存和繁衍有着十分重要的意义。枯叶蝶（图 5-9 下）也拥有强大的伪装能力，当被鸟类追捕时，它会以一种无规律的飞行方式飞行，然后停在植物叶片之间，迅速将翅膀合拢，并保持静止。此时枯叶蝶形似一片枯叶，鸟类通常无法发现。同样地，埋在海底沙堆里的比目鱼、躲在树林间的叶尾壁虎、藏在珊瑚礁里的侏儒海马等都是自然界"捉迷藏"的一把好手，伪装的本领使它们被捕猎的概率大大降低，不仅提高了生存能力，也有利于种群的繁衍。

▶▶ **②. 优秀的猎人**

　　人类虽然没能实现真正意义上的"光学隐身"，但"吉利服"的出现，让人类意识到可以利用背景环境来进行伪装。"吉利服"由苏格兰猎户发明，最初就是一件装饰着绳索和布条的外套，穿着它在密林中进行捕猎时，不容易被一些动物发现。20 世纪初，艺术家们发现不同颜色和几何形状的随机组合，能使观察者无法确定该图案的聚焦点，并最终产生视觉上的混乱，这就是我们经常看到的"迷彩"。最初为战场环境设计迷彩的设计师都是画家、园艺师，甚至艺术大师毕加索曾建议过迷彩最好采用色彩斑斓的菱形编排，炫目迷彩由此诞生。但最初的炫目迷彩并不是用来迷惑对手的，一战时期的德国飞行员将自己的飞机涂得五彩斑斓，其目的是挑衅对手。直到二战时期，迷彩服才真正地在各国兴起。当时战场上的迷彩"隐身衣"分为三大类：保护迷彩、变形迷彩和伪造迷彩。保护迷彩一般使用单一色调，用于雪地、泥地、林地的伪装；变形迷彩由不规则斑点构成，用于活动目标；伪造迷彩仿制背景斑点图案，一般用于固定目标。到了 20 世纪 70 年代，新型的数码迷彩诞生，它的表面就像电视屏幕一样，肉眼所知觉的图案都是由一个个细小的方格组成的，这些方格被称为像素。可别小瞧了这些小方格，它们的颜色与排列的设计运用了视觉原理，使不同颜色间的边缘模糊化，同时整体颜色对比度很弱，更容易适应不同背景颜色，从而达到伪装的效果（图 5-10）。

图 5-10　迷彩和迷彩服以及现代的吉利服

在 2022 年欧洲萨托利防务展上，瑞典萨博集团的"隐身斗篷"备受大众关注。这种"隐身斗篷"由特殊伪装布料制成，不仅能够利用环境进行伪装和潜伏，同时也能一定程度地躲避可见光、红外线和紫外线的侦察。

5.3.2　伪装的艺术

▶▶ 1. 移动的"小岛"

在可见光范围中的"隐身"，是通过模拟背景的颜色、纹理结构来对军事目标进行隐藏。对传统的军事目标进行迷彩性能评估，是基于主观视觉感知的方法评价这些迷彩外饰的"隐身"效果，说白了就是让人、枪支、坦克表面披上迷彩外饰或涂覆迷彩涂层，直观感受它们在各种背景下的伪装效果。在一战、二战时期，这一类迷彩发挥着重要作用。如在舰艇上使用高对比度几何图案模仿已沉没的船只，甚至会使用更加难以识别的图案设计，用于让观察方对距离、速度、方位进行误判，削弱潜艇指挥官对舰船攻击的判断能力。

坦克是陆军地面作战中的重要力量，而反坦克武器的发展速度甚至比坦克的发展速度更快。为了提高坦克在战场上的生存能力，除了加强装甲防护外，伪装也很重要，因为坦克的生存能力不仅取决于其外装甲被击穿的可能性，也与被发现的概率有关。可视探测对坦克仍是最大威胁，所以在坦克上覆盖与背景相近的伪装涂层，能减弱坦克和环境之间的色彩对比。二战时期的苏联坦克在冬季时会使用白色单一伪装和斑点条纹伪装，斑点和条纹线能扭曲坦克的外观轮廓，甚至使敌人对交战距离产生误判，从而达到较好的伪装效果。英国的"酋长"坦克、法国的"勒克莱尔"坦克上涂覆有灰色和白色方形涂层，以满足城市内作战的需要。除了伪装涂层，也可使用伪装网对坦克进行保护，其用于静止状态下的坦克效果更佳，美国装甲车制造商奥什科什防务公司和瑞典防务技术公司萨博公司将"梭子鱼"机动伪装系统（图 5-11）应用到豹 -2 坦克上，这种依靠颜料、涂层的先进混合物表面，能将坦克被发现的概率降低 90%。

图 5-11 "梭子鱼"机动伪装系统

1942 年的爪哇岛战役中，荷兰海军没能抵挡住日军的侵袭，在向澳大利亚撤退过程中，仅剩下一艘名为"亚伯拉罕·克里森"的扫雷艇。就在舰员们一筹莫展时，舰长号召所有人去砍树并把舰艇装扮成一座小岛（图 5-12）。同时，让舰艇在安静的夜间慢速行进，白天则停止，当一天草木丛生的"小岛"。通过这样的方式，"亚伯拉罕·克里森"号最终顺利到达澳大利亚。这种视觉上的欺骗在大海上尤为重要，因为宽广的海面没有掩体，一旦发现就难以逃脱。瑞典海军的维斯比级巡逻舰以防止外力入侵为第一要务，在波罗的海进行巡逻，保护国家安全。它尽可能将装备隐藏在舰体内或采取可折收式设计，以减小雷达反射面积，舰艇外观也采用灰 - 浅蓝色的涂装，从远处看与大海近乎一体，这种视觉隐身技术使舰艇在海面上的生存能力大幅提升。

▶▶ ② 2. 低可视度

除了模拟背景的颜色、纹理结构来对目标进行隐藏，还有一种比较简单的视

图 5-12　伪装成小岛的船

觉隐身方法——低可视度涂装。这种物体表面的处理方法就是使物体看上去不会与周围环境差别较大。作为在空军与海军中兴起的一种涂装方式，低可视度涂装已经遍布全球。

　　传统飞机涂装往往会在机头、机翼、尾翼等区域，用鲜艳的颜色来涂刷编号、军徽或是区分雷达罩区域等。在一些飞行表演中，鲜艳的飞机涂装能让人们更加清楚地看到飞机的姿态变化。而低可视涂装的飞机从中远距离看，机身与天空背景融为一体，可以形成视觉伪装；从近距离看，机身上的空军军徽和编号都较为模糊。各种低可视度涂装的主要区别在于颜色。以我国双发重型战机歼-16为例，早期涂装风格为中国空军特有的深灰色涂装，而机腹采用浅灰色。但这种涂装风格使得颜色过深的背部涂装在晴朗的天空中过于醒目，油漆的反光程度也很高，而机身和机腹的色差过大，虽然有利于训练中队友间的识别，却不利于实战时的隐蔽。歼-16后期采用反光率很低的浅灰色涂装，机背和机腹的涂装颜色过渡也更为自然（图5-13）。

　　在军用飞机表面喷涂亚光漆是大多数低可视方案都会采取的基本措施之一，而颜色一般采用灰色系。这些灰蒙蒙的表面，在一些环境条件下，能够和背景融为一体[13-16]，降低飞机被发现的风险。

图 5-13　低可视度涂装的歼 -16

5.4.1　声隐身

▶ 1. 了不起的声音

　　哈利波特的隐身披风能够帮助他从霍格沃茨魔法学校里偷跑出来，但是如果他不小心咳嗽或打了一个喷嚏，别人还是会发现他的踪迹。

　　声音可能起源于宇宙大爆炸发生之后不久。这些原始的声音频率非常低，同时也蕴藏着巨大的能量，新生宇宙中的等离子体在太空中无规则排列，传播声音所需的介质也由此形成。世界上最早对于声音的研究应该要追溯到远古时代，《吕氏春秋》中记载了黄帝时期的乐官伶伦以竹作律，最早的声学定律"三分损益法"也由此诞生。三分损益法是根据某一标准音的管长或弦长，为推算其余音律的管长或弦长提供的一种准则，而这些声音听起来都比较和谐。古希腊的毕达哥拉斯发现铁匠们使用铁锤敲打时，会产生同样和谐的声音，他通过称量铁匠们铁锤的质量，发现能发出这些和谐声音的铁锤质量都是呈倍数关系。那对于这些声音，我们又是如何接收到的呢？这得感谢自己的耳朵，在 19 世纪就有很多对人耳结构和功能的讨论，这一领域仍在不断发展和完善。

声音是由物体振动产生的，它通过介质传播并能被听觉器官或收音器件所感知。我们所听到的声音其实就是不同频率的声波传递到人耳中并引起的振动（图 5-14）。一些舰艇中所携带的声呐就是利用声波在水中的传播和反射特性，定位敌方舰船的位置，其全称为"声音导航与测距"。自然界的鲸和海豚拥有的"生物声呐"，能用于探寻食物和通信，鲸的"生物声呐"作用距离极远，能够听到 1000 千米外海洋生物发出的噪声，而海豚的"生物声呐"灵敏度很高，不但能识别不同种类的海洋生物，还能区分开金属、石头、塑料等不同的材料构成的物质。对于水中的测量和观察，迄今还未发现比声波更有效的手段。

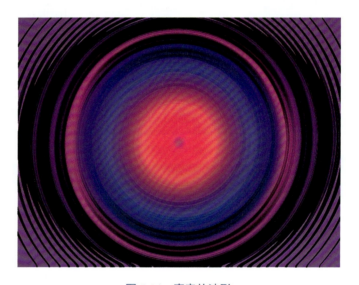

图 5-14　声音的波形

2. 猎杀"黑鱼"

从第一次世界大战开始，潜艇就服役于许多国家的海军，执行对敌攻击、近岸保护、侦察、突破等军事任务。潜艇多为圆柱形，中部通常设置有一个垂直结构，内有通信设备、感应器、潜望镜和控制设备等。潜艇是公认的战略性武器，特别是弹道导弹核潜艇更是核三位一体的关键一环。在海洋中航行的潜艇，当其中机械设备发出的噪声低于 90 分贝时就会完全被海洋背景噪声所淹没，当代声呐将难以侦测到其存在。潜艇不仅需要降低设备运行时的噪声，也需要重视外壳的吸声作用。

潜艇的声学隐身技术最早出现于二战时期。作为海洋中的"杀手"，潜艇需要在海平面以下尽可能悄无声息地行动，而当时的反潜手段主要是深水炸弹，其只有准确在潜艇周围爆炸，才能对潜艇造成实质性破坏。潜艇航行噪声的降低能极大地降低深水炸弹的命中精度，经过多方研究，"吸声瓦"横空出世！在二战末期，德国海军已经开始节节败退，引以为傲的 U 型潜艇也损失惨重。为了挽回败局，德军在 U 型潜艇外壳上加装了一层名为"阿里贝里奇"的合成橡胶防声材料，这是世界上首次在潜艇上使用吸声装置（图 5-15），来躲避敌方潜艇发射的鱼雷和水面舰艇投放的深水炸弹。二战结束后，"阿里贝里奇"消声技术在多个国家得到了加速发展。美国海军于 1988 年在"圣胡安"号核潜艇上铺设了以聚氨酯和玻璃纤维复合而成的消声表面，其能够使自身噪声降低 20～40 分贝。这些吸声瓦对声波的损耗作用主要是通过材料的黏性内摩擦作用和弹性弛豫过程完成的，声波引起的振动会引起弹性吸声材料微结构的形变。高分子材料由很多分子量较大的分子链组成，而每个分子链又由很多个链段组成，链段的结构影响着高分子材料的性能。弹性体是高分子材料中比较特殊的一类，它们的链段由刚性链段（硬）与柔性链段（软）组成，柔性链段中的基团可以自由转动，就像一团线，可以拉长也可以收缩；而刚性链段就像树枝，在外界能量不够将其拉开或折断时，则表现出较硬的特征。弹性体吸收声能后，所产生的振动会使分子链的各链段形成与外力大小相应的新构象，而在构象恢复过程中，变形落后于应力的变化，使得声能转变为热能而发生损耗。

图 5-15　德国 U 型潜艇与潜艇吸声瓦

　　潜艇的更新换代也需要吸声涂层进一步发展，英国潜艇常使用聚氨酯涂层，法国海军使用硫橡胶、丁基橡胶等。美国和俄罗斯的技术最为先进，美国使用的玻璃纤维制双层薄板吸声材料，被认为是吸声瓦未来发展的一种趋势，美国现役最为先进的"海狼"级核潜艇的航行噪声只有 90～100 分贝；俄罗斯则使用复合材料与声学结构相结合的吸声瓦，其具有优秀的吸声和减振效果，"北风之神"级核潜艇的航行噪声也可降低至海洋背景噪声以下。

5.4.2　声音 "黑洞"

在日常生活中，有一些场所需要进行隔声处理，如电影院、KTV 等。电影院的地面一般会使用减振隔声垫，既能保证地面的隔声，同时也能减少混响，增强音效；天花板的吊顶会添加吸声棉、隔声毡，最上层再使用隔声板以及吊顶减振器；墙体以环保防火吸声板为主，而放映厅会使用较厚的隔声门，并加装隔声软帘（图 5-16）。KTV 除了使用吸声板、隔声毡、隔声棉等，还需要减振垫、减振吊钩等建筑材料，减少声音的向外传播。

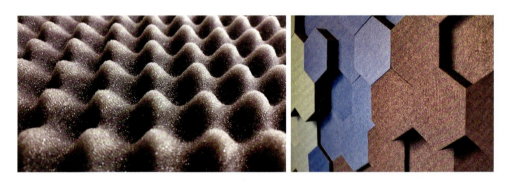

图 5-16　隔声材料与隔声墙

聚氨酯是当前一种常见的吸声材料，与第一代橡胶类吸声材料相比，聚氨酯的基团活性大，分子结构可设计性强；同时其涂层能够更好地与基底结合，不易脱落。王清华团队使用聚氨酯代替聚硅氧烷基体后，测试了涂层在水下高压的情况，其吸声性得到了改善。Jayaku Mari 团队利用短碳纤维制备了复合吸声表面，这些纳米材料具有很大的比表面积和优异的导热性，表面在接收到声波后，纳米材料与具有弹性的链状聚合物发生摩擦，将声波转化为热能耗散掉。类似的石墨烯、碳纳米管也有相似的功能。中国海军装备研究院的刘斌将吸声表面分为两大类：一类是自由型阻尼涂料，其具有较高的损耗模量，现在多选用乳胶、环氧树脂、不饱和聚酯树脂、聚氨酯、聚酰胺树脂以及聚合物互穿网络结构等；另一类为多孔结构表面，当声波到达材料表面时，一部分被反射掉，另一部分则进入材料内部，这一部分声波会引起材料孔隙中的空气振动，与孔壁发生摩擦，产生黏性内摩擦作用，将声能转变为热能耗散掉。

再说回飞蛾的翅膀，它不仅是飞蛾用于躲避猎物追捕的 "隐身衣"，还是嘈杂环境中的"隔声棚"。英国布里斯托大学的 Marc Holderied 团队发现飞蛾翅膀上的鳞片具有很好的吸声效果，其能吸收高达 87% 的声音，并且涵盖了广泛的频率。当前城市对隔声的需求越来越多，仿飞蛾翅膀的超薄吸声板能够用于建筑隔声层，营造安静的室内环境，提高人们的工作效率和生活质量[17-20]。

5.5　真正的"潜行者"

5.5.1　"幽灵"的到来

蝙蝠能发出频率较宽的超声波，而不同频率的超声波探测距离存在差异，对不同类型物体的探测能力也有所不同。高频波方向性好、探测精度高，但探测距离较近，低频波则能探测距离较远的物体。如果能结合各种频率的探测方式，那么探测效率将会大大提高。

随着科技的不断发展，除了雷达波段的超短波及微波波段（其频率范围在 30 兆赫～ 300 吉赫），利用可见光、红外、高光谱等的探测手段相继面世。而为了应对这些探测手段，隐身技术也不断发展，"隐身衣"越来越厚，款式也越来越多。以"猛禽"战斗机 F-22 为例，其采用了外倾双垂尾常规气动布局，且发动机进气口和喷嘴都设置在飞机机翼前缘延伸面，其斜切的外形减小了雷达反射面积，这种设计同时能降低发动机喷出的高温气流在红外波段被发现的概率，具有良好的隐身效果。尤为值得一提的是，F-22 的机身表面的雷达反射面积仅仅有 0.01 平方米，在雷达中与一只鸟儿差不多。不仅是 F-22，同级别的歼-20、F-35、Su-57 等（图 5-17）五代机都具有一定的隐身性能。

图 5-17　中国的歼-20、美国的 F-22、俄罗斯的 Su-57

　　从 Ho-229 开始，再到 F-117，飞翼式布局虽然牺牲了一些性能，但隐身性能大大提升。堪称"幽灵"的 B-2 轰炸机（图 5-18），最大特点就是极低的可侦测性。B-2 轰炸机的表面覆盖有一层弹性材料，可将雷达波的能量转换成热能，同时，整个机身涂上了一定厚度的涂层，特定波长的雷达波照在该涂层上后会在涂层两面发生反射与干涉，从而相互抵消。该表面对红外、可见光、噪声等也能够进行吸收与耗散，这也让 B-2 轰炸机成为当之无愧的"潜行者"。

图 5-18　B-2"幽灵"远程轰炸机

5.5.2　全频段隐身术

　　电磁波谱是用来描述电磁辐射可能频率的连续范围的，我们所看到的可见光只是这个范围内的冰山一角。电磁波可根据波长或频率分为无线电波、微波、红外线、可见光、紫外线、X 射线和 γ 射线。常见雷达的工作频率处于 1 毫米到 10 米的短波和微波波段，红外探测波段一般在 700 纳米到 1 毫米，激光雷达的波长则一般在纳米级别。当物体在视距外或可见度低时，对物体的探测依赖于这些不同频段的探测手段。有些特殊的表面具有较强的电磁波吸收能力和宽广的吸收频率范围，如果存在一种既拥有光学伪装，又有超宽频率范围吸收的"隐身衣"，那物体不就真的成为游弋在世间的"潜行者"了？

在后面的 7.1.4 节，我们会介绍一种"超表面"，它能够对多种波段进行吸收。美国"国家利益"网站评价中国在战斗机数字模型和超表面技术领域实现了突破，未来的中国战机表面将覆盖一层"超表面"（图 5-19），该表面能够吸收迄今为止光谱最宽的雷达波，也就意味着军用雷达将会变成"睁眼瞎"。中国科学院光电技术研究所罗先刚团队创建了一个可以精确描述电磁波撞击金属表面情形的数学模型，使人类能更进一步认识和理解电磁波的吸收；美国的洛克希德·马丁公司也在研制一款超表面，用于新一代战机表面的隐身涂层。在未来，不管是民用领域还是军用领域，这一类型的表面会得到高度重视。

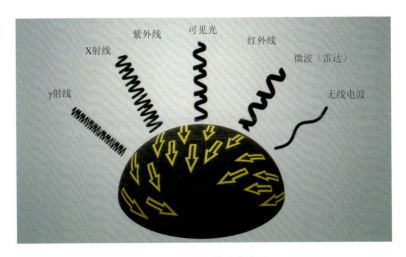

图 5-19　全频带吸收表面

除了超表面以外，也存在其他能吸收较宽频率电磁波的表面。频率选择表面是一种人工二维导电表面，可以通过自身的电磁共振结构选择性地吸收或发射电磁波。现代的空对空、空对地导弹大部分采用激光制导或红外图像制导技术，甚至是毫米波主动雷达来搜寻目标，地面部队的车辆、天空中飞行的飞机需要红外 - 毫米波双隐身表面来躲避这些导弹的追踪。

参 考 文 献

[1] Kuo W K，Hsu J J，Nien C K，et al. Moth-eye-inspired biophotonic surfaces with antireflective and hydrophobic characteristics. ACS Applied Materials & Interfaces，2016，8（46）：32021-32030.

[2] Huang L X，Duan Y P，Dai X H，et al. Bioinspired metamaterials：multibands electromagnetic wave adaptability and hydrophobic characteristics. Small，2019，15（40）：e1902730.

[3] Chen Z M，Zhang Y，Wang Z D，et al. Bioinspired moth-eye multi-mechanism composite ultra-wideband microwave absorber based on the graphite powder. Carbon，2023，201：542-548.

[4] Li J，Zhou D，Wang P J，et al. Recent progress in two-dimensional materials for microwave absorption applications. Chemical Engineering Journal，2021，425：131558.

[5] Hu J H，Hu Y，Ye Y H，et al. Unique applications of carbon materials in infrared stealth：a review. Chemical Engineering Journal，2023，452：139147.

[6] Jia Z X，Zhang M F，Liu B，et al. Graphene foams for electromagnetic interference shielding：a review. ACS Applied Nano Materials，2020，3（7）：6140-6155.

[7] Ruiz-Perez F，López-Estrada S M，Tolentino-Hernández R V，et al. Carbon-based radar absorbing materials：a critical review. Journal of Science：Advanced Materials and Devices，2022，7（3）：100454.

[8] Balci O，Polat E O，Kakenov N，et al. Graphene-enabled electrically switchable radar-absorbing surfaces. Nature Communications，2015，6：6628.

[9] Kolanowska A，Janas D，Herman A P，et al. From blackness to invisibility-carbon nanotubes role in the attenuation of and shielding from radio waves for stealth technology. Carbon，2018，126：31-52.

[10] Kim J，Lim D. Reduction of radar interference—stealth wind blade structure with carbon nanocomposite sheets. Wind Energy，2014，17（3）：451-460.

[11] Sharon M，Rodriguez A S L，Sharon C，et al. Nanotechnology in the Defense Industry. New York：John Wiley & Sons Ltd.，2019.

[12] Pang H F，Duan Y P，Huang L X，et al. Research advances in composition，structure and mechanisms of microwave absorbing materials. Composites Part B，2021，224：109173.

[13] Tadepalli S，Slocik J M，Gupta M K，et al. Bio-optics and bio-inspired optical materials. Chemical Reviews，2017，117（20）：12705-12763.

[14] Pembury，Smith M Q R，Ruxton G D. Camouflage in predators. Biological Reviews，2020，95（5）：1325-1340.

[15] Diao Z，Kraus M，Brunner R，et al. Nanostructured stealth surfaces for visible and near-infrared light. Nano Letters，2016，16（10）：6610-6616.

[16] 黄叶萍，王飞宇，丁卉，等.现代战车隐身技术.现代军事，2003，（4）：45-46.

[17] Gustavo Méndez C，Podestá J M，Lloberas-Valls O，et al. Computational material design for acoustic cloaking. International Journal for Numerical Methods in Engineering，2017，112（10）：1353-1380.

[18] 陈进，王晓刚，张敏，等.丙烯酸改性多孔二氧化硅吸声涂层的制备与研究.材料导报，2011，25（20）：95-97.

[19] 刘斌.功能复合型防腐隔音降噪涂料研究.涂料技术与文摘，2014，35（4）：16-19.

[20] 张文成，周穗华，蒋安林.聚脲涂层结构模型吸声性能及应用研究.武汉理工大学学报，2011，35（3）：583-586.

6.1 那些有害的霉菌与细菌

6.1.1　令人厌烦的霉菌

▶▶ **1.** 霉菌从哪里来

　　每当夏季或梅雨季节来临，空气变得温热潮湿，除了会让人体感受到闷沉不适外，也更容易让霉菌滋生。稍有不慎，暴露在温湿空气中的食物就会变质发霉（图6-1），尤其是新鲜水果，严重时经过一两天就会沾上大片的霉菌。此外，木质家具与木质建筑也十分容易在潮湿环境下发霉。其实，发霉就是物体表面产生了霉菌，即发霉的真菌。

图 6-1　发霉的食物

　　霉菌是人类认识和利用较早的一类微生物，属于真菌。而真菌主要包括单细胞真菌、丝状真菌和大型子实体真菌，霉菌就是其中一些丝状真菌的统称。纪录片《我在故宫修文物》让我们了解了书画类文物的复原和修复工作。有部分纸质文物表面出现了各种不易去除的色斑，不仅影响文物的原貌，还大大降低了其艺术价值。研究人员对这些色斑进行了分离、提纯与培养，以了解其成分，为洗去这些色斑做准备。为什么经过长期的存放，纸质文物上会出现这一类色斑呢？它们从何而来？

　　古代造纸原料一般是植物纤维，其中含有少量微生物所需的蛋白质和脂质等成分，这些都是霉菌的营养来源。霉菌的代谢会产生一些有机酸，造成纸张局部酸性增强，同时孢子、菌落以及分泌物也会附着在纸张上，形成我们见到的色斑。因此，只要拥有营养物质、适宜的温度和湿度，这些令人厌烦的霉菌就会出现。

　　其实霉菌也不一定令人厌烦，有很多霉菌对人类生产生活有很大的帮助，例如我们熟悉的抗感染药物青霉素，就是由一些青霉菌分泌的。绝大多数的霉菌可以将碳水化合物（糖类）、蛋白质等进行转化，烹饪时所用的酱油、黄豆酱等都是使用霉菌（米曲霉）发酵得到的。纪录片《舌尖上的中国》中介绍过使用霉菌制得的美食"毛豆腐"（图 6-2），这种豆腐经过了霉菌的作用，其中的蛋白质消化吸收率更高，维生素含量也更丰富。

图 6-2　用发酵工艺制成的豆腐乳和毛豆腐

▶▶ 2. 霉菌的附着与生长

　　霉菌的生长对营养物质要求不高，温度在 30 摄氏度左右最适宜它们的生长，但也有霉菌可以在 0 摄氏度以下生长繁殖，所以冰箱不是保险箱，保存在其中的食物同样会发生霉变。对霉菌生长影响最大的是湿度，只有在湿度较高的情况下，霉菌才能形成繁殖器官——孢子（图 6-3）。孢子会随空气流动，一旦接触了含有营养物质的表面，同时温度、湿度适宜，它们就会在这个物体表面安家落户。

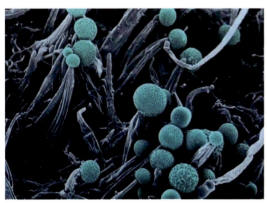

图 6-3　霉菌孢子

有一些表面通常没有营养物质，例如大理石家具表面、花岗岩墙体表面，不利于霉菌生长繁殖，但由于灰尘、小生物尸体、油渍、茶渍等含有机物质的污渍会在这些表面进行附着，而空气中的霉菌孢子几乎无处不在，它们一旦附着在这些表面上，霉菌同样能生长。而为了抑制这些霉菌孢子的附着和生长，又会有哪些表面来参与这一场对抗霉菌的战斗呢？

6.1.2 顽强的细菌

▶▶ 1. 细菌的出现

地球上生命的祖先是谁？ 1859 年达尔文在《物种起源》提到将"LUCA"（Last Universal Common Ancestor）作为地球上所有生命的起源，但其实并不知道它最初在哪里出现，又变成了哪种生命。2016 年，杜塞尔多夫的生物化学家比尔·马丁列出了"LUCA"的 355 个完整基因。之后，"LUCA"通过二分裂形成更加高级的形式，古细菌、真细菌、真核细胞由此而来。这些原始细菌们生活在极端的生态环境中，承受着高盐、极热、极酸、无氧的环境，这时的地球表面几乎是细菌们的"帝国"。直到寒武纪大爆发，细菌开始与海洋生物生活在同一片屋檐下，有些与海洋生物共生，有些会导致海洋生物的死亡。其实到了现代，细菌还是以同样的方式生活在地球上，它们有些很温和，就像乳酸杆菌和双歧杆菌，待在人类的肠道中，参与身体的代谢与营养的吸收；也有些会很凶狠，入侵生物体然后使其机能受损甚至死亡。我们该如何应对这些与我们为敌的细菌（图 6-4）呢？

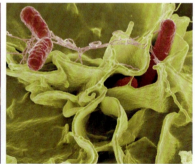

图 6-4　细菌的外观

近代微生物学之父路易斯·巴斯德发明了巴氏消毒法来解决啤酒发酸的问题，而这种方法只能消灭一部分不耐热细菌，对于细菌的入侵和顽强抵抗，我们又该如何面对呢？

▶▶ **2.** 感染的真相

感冒是很常见的一种疾病，但随之而来的发烧、鼻塞、流涕等会给我们带来不小的困扰。其实鼻塞、呼吸不畅等就是急性鼻炎的症状。不光是鼻炎，其他部位的炎症同样会让身体不适，而炎症来犯的始作俑者之一就是细菌！炎症是由机体损伤造成的一种生理反应，是高等生物对抗细菌或病毒入侵的手段，但往往伴随着疼痛、瘙痒等不良反应。细菌的感染方式一般分为急性和慢性两种模式，急性感染相比于慢性感染的炎症反应更加激烈，而慢性感染更难完全恢复。细菌影响人体健康可以分为三步：细菌越过皮肤或黏膜侵入血液中，健康的皮肤或黏膜会阻挡绝大部分细菌，如果皮肤和黏膜受到细菌侵入，则会引起皮肤红肿等上皮组织感染；当细菌成功到达血液中，抗体会识别并锁定细菌，将细菌的信息传递给白细胞，白细胞开始对其进行追杀；当细菌逃出白细胞的追杀后，会在营养充足的环境中快速繁殖（图 6-5 为体外营养充足条件下的细菌繁殖），并抢夺身体所需的营养物质，同时释放外毒素（常见为革兰氏阳性菌），在入侵至人体细胞后会释放内毒素（常见为革兰氏阴性菌），最终导致各种机体反应。当机体免疫系统缺陷、抵抗力不足、免疫系统无法识别的细菌入侵时，则更容易发生细菌感染。

在人体内的细菌一般会被免疫屏障阻隔或是被吞噬细胞吞噬，当吞噬细胞发

图 6-5　细菌的繁殖

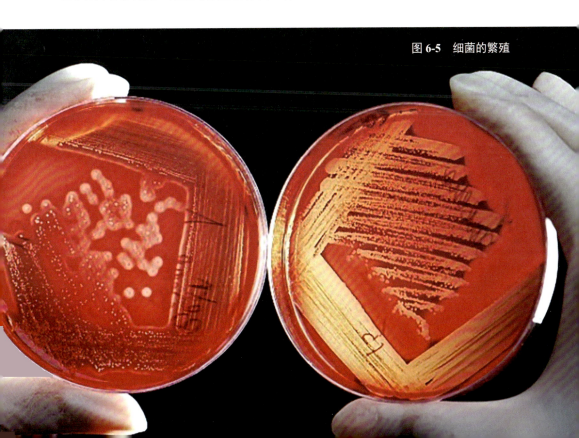

现细菌后，会依靠自身的流动性将细菌搅入自己体中，通过一些化学物质的作用将细菌杀死，随后，吞噬细菌后死亡的白细胞残骸会聚集在感染部位，与死亡的微生物、细胞碎片、组织液聚集，形成脓液，也就是发炎过程。日常生活中除去细菌的方法有很多，煮沸、高温蒸汽、焚烧等加热法能够使细菌体内蛋白质凝固变性，从而杀死细菌；紫外线能使细菌体内的核酸与蛋白质变性，因此也有一定的杀菌能力；化学消毒剂可以使细菌蛋白质变性，或是破坏细菌内酶的活性，甚至能直接破坏其细胞膜结构，使细菌破裂死亡；青霉素通过抑制细菌细胞壁的合成来杀灭细菌，而噬菌体则是一种专门感染并裂解细菌的病毒，两者都能有效对抗细菌。

6.2　让霉菌和细菌无处可逃

6.2.1　切断霉菌的食物来源

霉菌的繁殖离不开营养物质和充足的水分，为了抑制霉菌的生长，可以减少它们的食物或是抑制它们的扩散。切断它们获取食物的途径有很多，如通过投放干燥剂（图6-6）、通风等降低表面湿度，但不让营养物质附着确实是一件难事，常见的自清洁表面也不足以让空气中飘浮的有机杂质从表面滑落。那么抑制霉菌生长便成了防霉的另一种有效方法，通过在各种易滋生霉菌的表面添加防霉剂便可以做到这一点。

防霉剂是一类能够减缓或抑制霉菌滋生的化学物质，如联苯、过硫酸铵、锌离子、银离子等。防霉剂对霉菌的作用方式有很多，可以抑制霉菌孢子出芽时RNA的合成，从而阻止孢子的形成；可以与霉菌体内酶蛋白的氨基结合，抑制霉

图 6-6　用于除去水分的干燥剂

菌的机能；可以降低霉菌细胞内代谢酶的活性，削弱霉菌的活动能力。2021 年美国宣伟公司推出了一款名为"黛纳净"的防霉聚酯涂料，其中添加了无机防霉剂，当涂覆了该涂层的表面有霉菌附着或生长时，就能诱发涂层中防霉剂的释放，从而抑制霉菌生长。同时，这种防霉剂缓释的时间可达数年之久，使得该涂层具有持久的防霉性能[1]。

6.2.2　抵抗细菌的盾牌

▶▶ 1. 举起盾牌

　　抗菌是采用各种办法抑制细菌活性或阻止其生长繁殖的过程，而杀菌是消灭物体中的细菌，包括致病菌或特定细菌的过程（图 6-7）。

　　细菌世界的庞大是令人生畏的，一个小小的细菌只要移动到物体表面，在生存环境适宜的情况下，便会疯狂繁殖，引起多种疾病，并可能导致仪器失效等现象。常用的抗菌方法可以概括为：破坏或抑制细菌的细胞壁合成过程；抑制细胞膜功能，减少细菌的信息传递和体内物质流动；抑制细菌蛋白质的合成过程，进而影响细菌的生长和繁殖；抑制 DNA 与 RNA 的合成；抑制细菌的其他代谢过程。

　　由此可知，通过各种方法与材料赋予表面抗菌效果，阻止细菌的黏附与增殖，这种表面就像举起了一面盾牌，能阻挡来自细菌的危害。细菌一旦在生存条件适宜的表面附着，就会进行增殖并定植，从而形成生物膜。公共环境中的电动扶梯、触屏式自助服务机、路边的长凳等，细菌依靠这些公共设施，疯狂

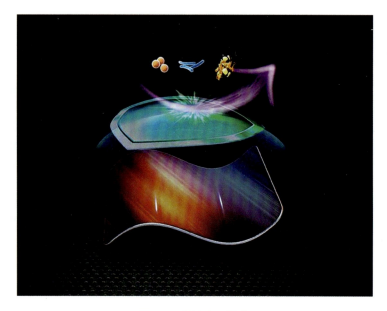

图 6-7　物体表面抗菌

地在人类之间传播。另外，在外科设备、生物传感器、水循环设备、纺织品上都会附着有细菌，导致一些不利的影响。细菌的黏附一般分成两步，第一步是细菌细胞表面与被附着表面的初始相互作用；第二步是细菌表面菌毛的蛋白质与表面分子的特异性或非特异性相互作用；通俗来讲，就是先找一个"落脚点"，然后开始"扎根"，吸收养分来进行繁衍和生长，最终形成成熟的细菌膜。由此看来，想要抗菌，可以不让细菌在表面有落脚点或者抑制细菌进行"扎根"的过程。

那如何赋予表面抗菌性能呢？研究表明，粗糙的表面相比光滑的表面更有利于细菌黏附和生物膜的形成，这些粗糙的区域为细菌黏附提供了更有利的位置。如果我们把细菌看成一个小水滴，那么能不能有一种表面像荷叶一般，能让细菌像水滴一样轻易滑落呢？这样一来，细菌连第一步的黏附都难以进行。无论是游离态还是复合态，低浓度的金属及其氧化物对细菌而言都是剧毒的，银（Ag）、铜（Cu）、锌（Zn）、钛（Ti）具有较强的氧化能力，可作为多种细胞酶的催化辅助因子，可诱导氧化应激反应，从而破坏细菌的蛋白质、脂质、DNA，并导致细菌代谢紊乱。另一类具有抗菌效果的物质是季铵盐，其通过静电相互作用将自己与表面带负电的细菌进行接触，并进一步破坏其结构，最终导致细菌失活。

前文提及，超疏水涂层表面能量低，在擦拭力、水冲击力、风力等轻微外力的作用下，便能轻易将附着的细菌从表面清除，保持表面清洁。具有自清洁能力的超疏水涂层在一定程度上也具有抗菌性能。Wang 等 [2] 利用季铵盐改性纳米二氧化硅制备了抗菌超疏水涂层，该表面的水接触角高达 153°，对大肠杆菌和金黄色葡萄球菌的抑制率分别达 99.9% 和 99.7%。西班牙宝瓷兰集团在 2020 年推出了 KRION 人造抗菌石，这种石材表面触感类似天然石材，其中添加了抗菌剂，且抗菌能力经过国际标准认定，同时常规的清洁几乎不会使表面沾染任何细菌，既避免了细菌在空间中的积累，也能呈现干净整洁的外观 [3-6]。

我们日常生活中的家居卫生用品——毛巾、衣物、其他纺织品等，都是细菌虎视眈眈的对象。如果这些织物表面具有长时间的抗菌效果，将能有效降低人患脓肿、毛囊炎、疖肿、皮炎等多种疾病的概率。目前，抗菌织物（图 6-8）大多是采用添加抗菌剂的方式，有的是将抗菌剂加入原料中进行纺丝制成抗菌纤维，然后加工成各种抗菌纺织品；有的是在织物印染后加入抗菌剂，然后加工成各种抗菌纺织品；或是综合运用前两种方法，以制备具有更高抗菌性能要求的纺织产品。但抗菌织物的效果会随着洗涤次数的增加逐渐降低，怎样使其具有长效抗菌能力还有待进一步研究，我们当前能做的就是对织物进行常换、常清洗以及常晾晒的操作 [7-10]。

▶▶ **2. 铸造盾牌**

"盾牌"材质的选择不仅需要考虑阻挡细菌的效率，还要看是谁拿起这面"盾牌"。皮肤表面和骨头表面差异巨大，对于骨修复技术，钛合金材料因良好的

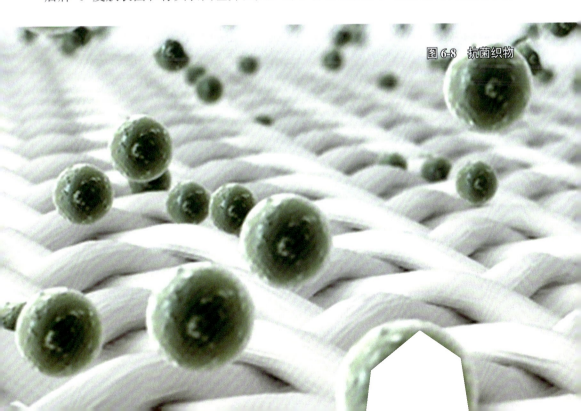

图 6-8　抗菌织物

生物相容性、化学惰性和可加工性，成为修复坏死骨头的首选。与传统的钛表面相比，经过表面加工的纳米管状钛表面具有更好的抗菌性能。对这些钛材料表面进行简单的改性，使细菌难以黏附，即可达到抗菌的目的。Gallardo-Moreno 团队使用紫外线处理 Ti6Al4V 合金，发现表面金黄色葡萄球菌的初始黏附率降低了 16% ～ 45%，且各种骨细胞的正常活动不受影响。Harris 团队使用亲水的聚乙二醇对钛金属表面进行改性，制备了抗金黄色葡萄球菌黏附表面，细菌的黏附率比钛金属表面降低 89% ～ 93%，并出现了细菌聚集成团的形貌特征，表明菌体间的相互作用强于细菌与涂层表面的作用，有助于抑制细菌在表面形成菌斑[11]。抗菌表面的基底材料除了使用钛合金，还可使用金、银合金以及多种高分子聚合物[12]。

细菌在固体表面的初始黏附取决于菌体与表面之间的相互作用，和灰尘在表面的黏附类似。细菌与固体表面的黏附主要依靠范德瓦耳斯力、亲疏水作用及特异性相互作用等，影响这些相互作用力的因素除了细菌本身的特性及环境因素，更多地取决于被附着表面的性质，如化学组成、形貌、润湿性、电荷密度等。因此，通过改变被附着表面的性质，铸造不利于细菌黏附的"盾牌"，或可提高阻隔细菌的效率。

图 6-9 某香皂的一则广告

某香皂的一则广告曾称，使用其香皂沐浴后能够在人体周围建立起一道抵御细菌、病毒的屏障，在一段时间内抑制细菌、病毒的繁殖（图 6-9）。这一黑科技便是三氯卡班，也就是人们常说的"迪宝肤"的主要成分。低浓度的三氯卡班对革兰氏阳性菌、革兰氏阴性菌和病毒均有高效的抑制作用，但其能引起人体肝细胞的 DNA 损伤，且危害随着剂量增大和时间延长而加重，因此近年来美国食品药品监督管理局已经禁止在洗手液、香皂等日用品中使用三氯卡班。如果我们关注所使用的洗发水的配方，可能会留意到吡硫镓锌这一成分。它既有去屑的效果，也是一种抗菌抑菌成分，但欧盟在前几年也开始禁止使用这种添加剂，现在的一些洗发露中会使用水杨酸、吡罗克酮乙醇胺盐、二硫化硒等进行替代，这些微小的化合物都会使我们的皮肤表面形成一道抵御细菌、病毒的"盾牌"。

6.2.3　让细菌踩"地雷"

▶ **1. 埋下"地雷"**

　　自然界中，许多生物的表面结构展现出了独特的微观特性，而这些特性往往赋予它们特殊的功能，例如抗菌能力。蝉翅膀都是透明的，同时它的翅膀也拥有和荷叶、蝴蝶类似的纳米"锥"结构。2012 年，Inanova 等报道了蝉的翅膀对铜绿假单胞菌（革兰氏阴性菌）具有杀伤作用，这种杀伤依靠的是翅膀表面纳米"锥"将细菌刺破（图 6-10）。后来研究还发现蝉翅膀对多种细菌也有同样的杀伤性。蜻蜓的翅膀、飞蛾的眼睛、壁虎的

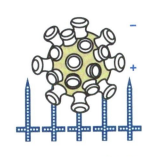

图 6-10　"刺破"细菌

皮肤等都与蝉翅膀类似，具有一定的杀菌能力，但关于微纳米结构的杀菌机制存在两种不同的解释，一种理论认为微纳米结构与细菌的细胞膜相互作用，二者接触的部分相比于没有接触的部分应力更大，由于拉伸应变超过细胞膜的限度而破裂；另外一种理论则认为是细菌在微纳米结构表面移动时，接触处产生的剪切力导致细胞膜破裂。但是这些来自大自然的表面杀菌效率都不算太高，那要怎么样才能更有效地抑制细菌呢[13-16] ？

图 6-11　减少细菌黏附与结构杀菌

　　吉林大学的任露泉团队[17] 构建了超疏水抗细菌黏附表面，其中的二级纳米柱状结构也具有类似蝉翼表面物理结构的杀菌特性，创新性地设计出了物理结构抗黏附和结构杀菌为一体的仿生抗菌表面，对于大肠杆菌的抗黏附效率可以达到99% 以上，少量黏附的细菌可以被完全杀死，不管是对细菌的排斥还是杀伤，都完全来自结构本身的物理效应，不会引起细菌的耐药性。这为开发新一代安全、高效的抗菌表面提供了新思路和新方法（图 6-11）。

　　要想让细菌踩"地雷"，那就要接触"地雷"才能产生相应的效果。将具有一定化学结构的抗菌 / 杀菌物质通过接枝、偶合等方法固定于材料表面，可形成接触式抗菌 / 杀菌表面。2001 年，美国麻省理工学院和塔夫茨大学开发了一种改性的聚合物表面，空气中的细菌在接触该表面时，有 99% 都无法存活。在玻璃

上涂有一层聚（4-乙烯基-N-乙基吡啶），当大部分革兰氏阳性菌和革兰氏阴性菌接触时，即可使这些细菌丧命。这种聚合物表面杀死细菌的方式是通过电化学的方法破坏其带负电的细胞膜，从而让细胞破裂。此外，等离子体、聚合物刷、金属离子掺杂聚合物、两性离子改性聚合物等也可用于杀菌表面。

除了季铵化合物，2002 年 Tiller 等首次报道烷基吡啶也可以作为有效的接触式杀菌剂，将聚（乙烯-N-溴化吡啶）共价接枝到一些材料表面，对革兰氏阴性菌和革兰氏阳性菌能达到 99% 的的杀灭效果。而对于季铵化合物，随着烷基链长度的增加，其亲/疏水性发生变化，从而导致对不同细菌的杀伤能力发生变化，当烷基链由 12～14 个亚甲基组成时，对革兰氏阳性菌的杀伤力最强，而烷基链由 14～16 个亚甲基组成时，对革兰氏阴性菌的杀伤力最强[18-22]。

▶▶ **2. 没有硝烟的战场**

导弹最大的特点就是速度快、精度高、杀伤力强。如果这种"导弹"的攻击对象是有害细菌，那么不仅对有害细菌有强有力的杀伤效果，而且不会伤及那些无辜的益生菌。1908 年的诺贝尔奖得主 Paul Ehrlich 描述了一种"魔法导弹"的概念，这种"导弹"由能杀死癌细胞的药物和特异性靶向癌细胞的载体构成，载体便是"导弹外壳"，药物便是"战斗部"，以实现定向杀死癌细胞，而不伤害人体正常细胞（图 6-12）。但这种"导弹"如何制造可难倒了一大批科学家。

图 6-12   杀死细菌的靶向"导弹"

这些"导弹"预先装载在表面，然后将其发射，释放到环境中杀死细菌。其中应用最广泛的"导弹战斗部"就是广谱抗菌剂——纳米银，纳米银释放的银离子可以破坏细菌的细胞膜、细胞内酶的活性以及细胞核功能。"导弹战斗部"还可以使用抗生素或是氧化氮。吉林大学任露泉团队[23]创新性开发出集抗细菌黏附和杀菌为一体的仿生抗菌表面，即使有少量细菌黏附到表面，也会因为杀菌剂的存在而被杀死，保持了长效的抗 / 杀菌活性。

1928 年，英国生物学家弗莱明在培养细菌时，发现偶然落在培养基上的青霉菌菌落附近没有细菌生长，经过一段时间的研究，青霉素就此诞生，它作为人类发现的第一种对抗细菌感染的化学物质，拯救了无数人的生命。随着医学的进步，越来越多的新型抗生素被发现与生产出来，而不同抗生素的抑菌或杀菌作用也有所不同，它们会影响一些特定细菌的细胞壁合成、细胞膜通透性、蛋白质合成以及核酸复制转录的方式，同时对正常细胞不会产生影响，也使得抗生素拥有了 "导弹" 般的精度。常见的青霉素只对革兰氏阳性菌有抑制作用，而四环素族（金霉素、土霉素等）对革兰氏阳性菌和阴性菌、立克次氏体以及一部分病毒和原虫等都有抑制作用。结核分枝杆菌是结核病的致病因子之一，每年会导致超过 100 万人死亡。霉菌酸是结核分枝杆菌细胞膜合成的重要物质，癸异戊二烯磷酰基 -β-D- 核糖 2′- 差向异构酶为分枝杆菌所必需的黄素酶，在细胞壁的合成中起着重要作用，二芳基喹诺酮类药物贝达喹啉能够对结核分枝杆菌上的特征靶点进行识别，就像一枚制导导弹，能够精确杀死结核分枝杆菌 [24, 25]。

6.3　阻挡血液

6.3.1　能止血的 "泥土"

血液在人体内约占体重的 7% ～ 8%，承担着物质运输、调节身体机能的作用，如果人失血超过 30% 时，会晕厥甚至死亡。据统计，在战争中，50% 的死亡都是由失血过多造成的，而在送往医院急救过程中，出血死亡人数占未抢救成功的 1/3。在出血事故发生后，一旦止血不及时或者止血效果不理想，易引起其他并发症甚至危及生命。从一战开始就有士兵发现，有些地上的 "泥土" 能够进行创口止血，而操作也非常简单，只需要将这些干燥的泥土往伤口上覆盖并压实，创口就会慢慢不流血。后来才发现这种 "泥土" 就是高岭土（图 6-13 上），但高岭土只能对轻度的创面有好的止血效果，对重度大面积出血的止血无效。再到后来，止血效果更好的沸石被发现，但沸石会有放热现象，可能会对创口造成二次伤害。

那么流血是如何被止住的？凝血过程主要分为三个步骤：首先是血管破损后，血管会马上收缩；然后血液中的血小板会在伤口处聚集、黏附，最终形成血小板血栓暂时封堵血管破裂处，这是凝血的初期阶段（图 6-13 下）；最后，触发凝血级联反应，形成稳定的纤维蛋白凝块。

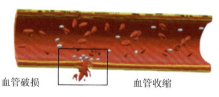

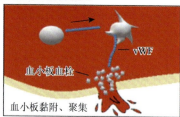

血管破损　　　　　血管收缩　　　　血小板黏附、聚集

vWF

血小板血栓

图 6-13　高岭土与初期止血过程

6.3.2　阻挡血液的"墙"

为了不让伤口持续流血，需要对伤口进行止血，而有些表面具备止血甚至抗菌的功效。我们在生活中常见的创可贴就是其中一类，创可贴的主体是一层透气防水胶布，中间有一块浸有止血药物的纱布，用于贴在细微伤口处暂时止血，并预防细菌滋生，但其促凝血效果有限，不适用于出血量较大的情况。

自 21 世纪初以来，全球的军事冲突不断，产生了大量伤员。在此背景下，军队的创伤救治领域取得了显著的医学进步。以美国为例，其止血技术从最初的普通纱布压迫止血，逐步发展到如今临床上广泛使用的新型止血纱布。1983 年 Malette 发现了壳聚糖具有优异的止血效果，直到 2002 年 HemCon 止血绷带的问世，壳聚糖类型绷带才真正应用于医学救助。这种绷带表面通过壳聚糖进行改性，壳聚糖的阳离子效应可以促进血液中红细胞的聚集，同时可以使血小板黏附和聚集，共同促进血液的凝固。为了增强壳聚糖纱布的止血效果，有研究团队合成了一种名为 PolySTAT 的线性聚合物，这种聚合物通过接枝多种纤维蛋白结合肽，可以通过交联纤维蛋白来增强凝血。随后研究团队利用等离子处理，将 PolySTAT 加入壳聚糖止血纱布中，利用交联的纤维蛋白来提高壳聚糖诱导的红细胞的聚集稳定性，使得纱布的止血速度大大加快，止血量也提升了不少。

这堵止血的"墙"可以是纱布，也可以是一层轻薄的止血膜。中南大学的张毅课题组将一系列纳米黏土颗粒复合至聚乙烯吡咯烷酮中，并进行静电纺丝，制备了一种透气、轻盈、止血效果达到商业标准的纤维膜。青岛中惠圣熙生物工程有限公司生产的止血膜（安太欣）由羧甲基醚纤维钠盐改性再生纤维素制备而成，止血效果明显，且能防止术后粘连，加速创面愈合（图 6-14）。这些能够止血的表面每天救助了成千上万的病人，而这一切背后离不开无数科研人员和生产者的辛勤努力与付出[26]。

图 6-14　止血纱布与止血膜

参 考 文 献

[1]　孙文霞，刘源 . 窄谱抗生素 . 国外医药（抗生素分册），2019，40（4）：302-308.

[2]　Wang Y，Yang Y N，Shi Y R，et al. Antibiotic-free antibacterial strategies enabled by nanomaterials：progress and perspectives. Advanced Materials，2020，32（18）：e1904106.

[3]　Wang Y T，Wang G Y，Ni Y F，et al. Dual-responsive supramolecular antimicrobial coating based on host-guest recognition. Advanced Materials Interfaces，2022，9（33）：2201209.

[4]　Yang L，Wang C P，Li L，et al. Bioinspired integration of naturally occurring molecules towards universal and smart antibacterial coatings. Advanced Functional Materials，2022，32（4）：2108749.

[5]　Wei T，Tang Z C，Yu Q，et al. Smart antibacterial surfaces with switchable bacteria-killing and bacteria-releasing capabilities. ACS Applied Materials & Interfaces，2017，9（43）：37511-37523.

[6]　Cheng G，Xue H，Zhang Z，et al. A switchable biocompatible polymer surface with self-sterilizing and nonfouling capabilities. Angewandte Chemie（International Edition），2008，47（46）：8831-8834.

[7]　Wei T，Yu Q，Zhan W J，et al. A smart antibacterial surface for the on-demand killing and releasing of bacteria. Advanced Healthcare Materials，2016，5（4）：449-456.

[8]　Miao W Z，Wang J，Liu J D，et al. Self-cleaning and antibacterial zeolitic imidazolate framework coatings. Advanced Materials Interfaces，2018，5（14）：1800167.

[9]　Wei T，Yu Q，Chen H. Responsive and synergistic antibacterial coatings：fighting against bacteria in a smart and effective way. Advanced Healthcare Materials，2019，8（3）：e1801381.

[10]　Wang Q，Feng Y B，He M，et al. Thermoresponsive antibacterial surfaces switching from bacterial adhesion to bacterial repulsion. Macromolecular Materials and Engineering，2018，303（5）：1700590.

[11]　Chouirfa H，Bouloussa H，Migonney V，et al. Review of titanium surface modification techniques and coatings for antibacterial applications. Acta Biomaterialia，2019，83：37-54.

[12]　Tang S H，Zheng J. Antibacterial activity of silver nanoparticles：structural effects. Advanced Healthcare

Materials，2018，7（13）：e1701503.

[13] Mi G J，Shi D，Wang M，et al. Reducing bacterial infections and biofilm formation using nanoparticles and nanostructured antibacterial surfaces. Advanced Healthcare Materials，2018，7（13）：e1800103.

[14] Hidouri S，Jafari R，Fournier C，et al. Formulation of nanohybrid coating based on essential oil and fluoroalkyl silane for antibacterial superhydrophobic surfaces. Applied Surface Science Advances，2022，9：100252.

[15] Imani S M，Ladouceur L，Marshall T，et al. Antimicrobial nanomaterials and coatings：current mechanisms and future perspectives to control the spread of viruses including SARS-CoV-2. ACS Nano，2020，14（10）：12341-12369.

[16] Recio-Sánchez G，Segura A，Benito-Gómez N，et al. Composite thin films of nanoporous silicon/green synthesized silver nanoparticles as antibacterial surface. Materials Letters，2022，324：132734.

[17] Jiang R J，Hao L W，Song L J，et al. Lotus-leaf-inspired hierarchical structured surface with non-fouling and mechanical bactericidal performances. Chemical Engineering Journal，2020，398：125609.

[18] Huang L，Liu C J. Progress for the development of antibacterial surface based on surface modification technology. Supramolecular Materials，2022，1：100008.

[19] Luo R C，Pashapour S，Staufer O，et al. Polymer-based porous microcapsules as bacterial traps. Advanced Functional Materials，2020，30（17）：1908855.

[20] Zhan Y，Yu S R，Amirfazli A，et al. Recent advances in antibacterial superhydrophobic coatings. Advanced Engineering Materials，2022，24（4）：2101053.

[21] Ding X K，Duan S，Ding X J，et al. Versatile antibacterial materials：an emerging arsenal for combatting bacterial pathogens. Advanced Functional Materials，2018，28（40）：1802140.

[22] Schlaich C，Li M J，Cheng C，et al. Mussel-inspired polymer-based universal spray coating for surface modification：fast fabrication of antibacterial and superhydrophobic surface coatings. Advanced Materials Interfaces，2018，5（5）：1701254.

[23] Li W L，Thian E S，Wang M，et al. Surface design for antibacterial materials：from fundamentals to advanced strategies. Advanced Science，2021，8（19）：e2100368.

[24] Ahmed W，Zhai Z，Gao C. Adaptive antibacterial biomaterial surfaces and their applications. Materials Today Bio，2019，2：100017.

[25] Hasan J，Crawford R J，Ivanova E P. Antibacterial surfaces：the quest for a new generation of biomaterials. Trends in Biotechnology，2013，31（5）：295-304.

[26] Chan L W，Kim C H，Wang X，et al. PolySTAT-modified chitosan gauzes for improved hemostasis in external hemorrhage. Acta Biomaterialia，2016，31：178-185.

7.1 其他特殊功能的表面

7.1.1 催化剂——跳动的表面

你是否还记得中学化学课程中学习制取氧气的几种方法，其中有两种都用到了催化剂二氧化锰，而且老师还会告诉你催化剂在化学反应前后的质量不会发生改变，只是充当媒介，但事实上，催化剂在化学反应中会参与中间产物的合成，且此类反应大多数发生在催化剂表面。此外，催化剂的实际作用也远比课本中介绍得更多、更重要！

▶▶ **1.** 叶绿体的秘密

几十亿年前，藻类第一次将二氧化碳和水转换成氧气和有机物，而后呼吸氧气的人类祖先们才得以在这个美丽的地球上诞生。直到现在，人类赖以生存的大气环境以及所需的粮食、纤维、木材等，都有赖于植物利用二氧化碳和水合成有机物和氧气。植物的这种能力叫做光合作用，而这种能力来源于植物体内（部分动物也拥有）的叶绿体。

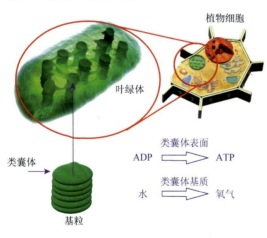

图 7-1 类囊体的催化作用

叶绿体由类囊体、双层膜和基质构成。类囊体是单层膜构成的扁平小囊，它的表面分布着色素和电子传递链组分，正是这些色素将光能转化为化学能，也让每个小小类囊体的表面拥有制造氧气的能力（图 7-1）。植物们日复一日地工作，不停地吸收自然界的二氧化碳，但是植物自身并没有损失什么，反而得到了营养成分，也就意味着植物叶绿体调控着二氧化碳、水和有机物、氧气之间的关系。

直到现在，人类都无法完全复制类囊体表面神奇的催化能力，但类囊体也带给了我们其他启发。癌症是人体健康的杀手，在过去的几十年里，尽管出现了许许多多对抗癌症的方法，但肿瘤生长部位的环境却影响着种种药物、辐射治疗手段的效率。正常细胞在癌变的过程中会产生大量过氧化氢，造成 DNA 氧化损伤。现代医学认为癌变细胞内大量的过氧化氢可能会维持癌细胞的恶性表现，但也有可能提升癌变细胞内过氧化氢酶或谷胱甘肽过氧化物酶的含量，这些酶又能够抑制细胞的癌变。类囊体膜上的过氧化氢酶可以催化过氧化氢转换为氧气，使得绿色植物拥有稳健的抗氧化体。中南大学的刘又年团队借鉴了蔬菜叶中的类囊体，设计了一种用于癌症治疗的仿类囊体膜。这种仿类囊体膜上的过氧化氢酶通过催化癌变细胞产生的过氧化氢，产生充足的氧气，不仅改善了癌变细胞缺氧恶化的情况，同时，在红外线的照射下，仿类囊体膜上的叶绿素可以继续将氧气转化成高毒性的单线态氧，使癌变细胞凋亡。

借鉴类囊体的催化表面不仅能用于阻止细胞癌变，甚至还能减少碳排放。叶绿素太阳能电池就是模仿类囊体表面吸收光能的特征而制造的微电池。天津大学的姜忠义团队制备了硫化镉 / 氧化钛仿类囊体，可用于对二氧化碳进行高效转化。对于减缓全球变暖，小小的类囊体可是做足了贡献！

▶▶ **2.** 工业的宠儿

1913 年铁基催化剂的问世，实现了氨的工业级合成；1953 年问世的齐格勒 - 纳塔（Ziegler-Natta）催化剂，开创了合成材料的先河；20 世纪 60 年代末期分子筛的应用引发了催化剂领域的变革；80 年代出现的茂金属催化剂，使聚烯烃工业重回巅峰。这些工业催化剂依靠它们的表面所发生的各种化学反应，推动着工业的进步。化学反应的进行都需要克服活化能，这个活化能就像一座高山，一边是反应物，另一边是生成物，化学反应需要越过这座高山。而催化剂表面存在大量电子和空穴，反应分子接触到催化剂表面时会被活化，就像在这座大山内挖了一条隧道（图 7-2），这样一来，反应物变为生成物的过程就简单了许多。

中国是一个煤炭资源丰富，但天然气较少的国家。中国中化西南化工研究设计院研制了煤制天然气甲烷化催化剂，通过改善这种催化剂的表面结构以及比表面积，提升了其耐高温性、催化选择性、稳定性等，使中国的煤制天然气达到了新的高度。到 2020 年，煤制天然气产量约为 175 亿立方米。近年来，煤制天然气产量已超过 200 亿立方米。不仅如此，该研究院还制备了甲醇催化剂、气态烃转化催化剂、甲醇蒸气转化制氢催化剂、二甲醚催化剂、脱硫催化剂等，它们可用于制氢、氨、甲醇、二甲醚等化工原料，为石油产业和化学工业实现跨越式发展提供了保障。近年来，新型、高效、环保的催化剂研制一直如火如荼地进行。中山大学的李传浩团队用氧化钴包覆纳米二氧化钛晶体制备水制氢催化剂，在太阳光的照射下，将该催化剂投入水中便能产生一定量的氢气，同时还能处理废水。

图 7-2　工业中常用的多孔状催化材料

南京工业大学吴宇平团队设计了钼单原子负载的二维磷化硼催化剂，其能够大幅提高制氨的产率，减少物料和能量的浪费。东京工业大学的研究团队将铁基矿物负载到氧化铝载体上制备成催化剂，可以有效地将二氧化碳转换为甲酸，转换率高达 90%。这种将金属负载到氧化物载体上的方法近年来得到了研究人员的重视，因为金属和载体之间的协同相互作用是传统催化剂无法拥有的。锌负载在氧化铜上可催化甲醇合成，铂负载在二氧化硅上能够使羰基选择性加氢，钼负载在氧化镍上能催化碱性水的电解过程，钴负载在氧化钒上可催化析氧反应的进行，将铂纳米颗粒负载在介孔氧化铈上制备的催化剂，甚至可以将对大气环境和人体有影响的挥发性有机化合物（volatile organic compound，VOC）进行吸收消除。这些催化剂可谓是"力拔山兮"，让化学反应中的"大山"——活化能变得不再难以逾越。

▶▶ 3. 喝"西北风"也能饱

　　光合作用使植物成为无机物转化为有机物的使者，不仅带给了地球生机，也给予了人类赖以生存的食物，人类和地球对植物的依赖已经持续了几十亿年。从食物链我们知道，人类和动物所摄入的热量大部分来源于植物通过光合作用产生的有机物，但植物积累有机物需要较长时间的生长周期，受自然条件的影响也较大。2021 年，中国科学院在《科学》杂志上在线发表了人工合成淀粉的相关研究成果，这是全球首次以二氧化碳、氢气为原料人工合成淀粉。那么是不是实验室合成淀粉成功后，人类将来就不用耕种了？当然不行，将二氧化碳转变成淀粉，植物勤勤恳恳地用了 60 步左右的代谢过程，其中参与代谢的酶就有十几种，而实验室制备淀粉也需要 11 步和一些特定的催化剂（图 7-3）。在整个人工合成淀粉的过程中，技术问题最多、成本最高的就在于这些催化剂的制造，同时也是人工合成淀粉现在难以大规模开展的原因。

图 7-3　二氧化碳的转化

　　直到 2020 年，全球能源消耗碳排放量总计约为 320 亿吨，其中，中国的碳排放总量约占全球碳排放的 31%。虽然工业变得发达，人民生活变得更幸福，但我们需要尽可能减少碳排放，保护地球。电子科技大学夏川团队[1]利用催化剂将二氧化碳合成高浓度乙酸，并进一步利用微生物合成葡萄糖和脂肪酸，这些葡萄糖以及脂肪酸经过纯化处理后可以成为人体的必需品。苏州大学张晓宏教授团队与多伦多大学 Geoffrey Ozin 教授团队合作，使用光催化技术，在常压条件下将二氧化碳加氢合成甲醇，所使用的富缺陷棒状氧化铟纳米晶体催化活性是已报道同种类催化剂的 120 倍。这些将二氧化碳转换为其他物质的方法，能够减轻温室效应，为我们的子孙后代留下一个更美丽的地球。

7.1.2　光与电之歌

▷▷ **1. 爱因斯坦与赫兹**

　　光的起源到现在仍然是一个谜，可能在宇宙大爆炸之前光就已经存在。地球上的大部分自然光来源于太阳，太阳依靠自身持续不断的核聚变，散发出巨大的能量，光和热就是这部分能量最重要的部分。太阳光通过大气层到达地面，照亮了地球，并创造了生命。

牛顿学说认为光是粒子，而惠更斯认为光是以波的形式进行传播，就像声音一样，可以反射，也可以被屏蔽吸收。其中的发展还得从19世纪开始说起。1839年，年仅19岁的亚历山大·贝可勒尔将光照射到电解池时，发现了光生伏打效应，揭示了物质的电性质与光之间有着密切的联系。1887年，德国物理学家赫兹设计了一个发射器，发射器中有一个火花释放器，可以通过火花来释放电磁波，另一位置的接收器中也有一个火花释放器和线圈，每当线圈检测到电磁波时，火花释放器就会释放出火花。为了使观察到的火花更加明亮，赫兹将整个接收器放到了一个不透明的盒子内，但此时的火花亮度却变小了。为了弄清原因，他将盒子全部拆掉，发现是位于接收器与发射器之间的不透明板造成了这种屏蔽现象。假如改用玻璃来分隔，也会造成这种屏蔽现象，而放置石英板则不会。赫兹进一步用石英棱镜按照波长将光波分解，仔细分析不同波长的光波表现出的屏蔽行为，最终发现是紫外线造成了光电效应，使得接收器中的火花释放器产生火花。赫兹将这些实验结果发表于《物理年鉴》，但并没有对这一现象做进一步的研究。直到1905年，爱因斯坦在德国《物理年报》上发表了题为《关于光的产生和转化的一个推测性观点》的论文，首次预测了光既有粒子性又有波动性，即波粒二象性。至此，光的秘密逐渐被揭开。

德国物理学家赫兹初次发现光电效应，爱因斯坦成功解释光电效应并写出方程式，从实验和理论上证明了光电效应的存在（图7-4）。1916年，美国物理学家密立根根据爱因斯坦论文中的光电效应，再一次用实验证明了光电效应的正确性，奠定了光电效应在物理学领域的重要地位。爱因斯坦的光电效应理论获得1921年的诺贝尔物理学奖，密立根因对光电效应的进一步研究获得了1923年的诺贝尔物理学奖。粒子说中提到光是由不连续的光子组成，当接触到对光灵敏的物质时，光子会被该物质中的电子吸收，而电子吸收光子的能量后，动能会增加。当动能增加到足以克服原子核对它的引力时，就能在极短的时间内逃逸出金属表面，形成光电子，金属表面光电流也由此出现，这种由光能变成电能的过程就被称为光电效应。在单位时间内，触碰到表面的光子数量越多，逃逸出的光电子就越多，光电流也就越强。

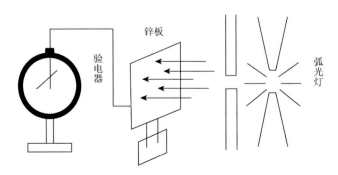

图 7-4　光电效应与获得 1921 年诺贝尔奖的爱因斯坦

▷▷ **2.** 携手并进的光电

　　光电效应的发现不仅推动了现代物理的发展，也造福了人类，我们熟悉的太阳能光伏板就是依靠光电效应来工作的。从贝尔在实验室内制成效率达到 6% 的光伏电池，到光伏电板首次使用在卫星上进行供电，时至今日，太阳能电板的应用已经在全球普及。大力发展太阳能可以减轻使用传统能源对自然环境的危害，因此越来越多的国家开始了自己的清洁能源之路，如美国的"光伏建筑计划"、英国的"光伏屋顶革命"、日本的"朝日计划"以及中国的"光明工程"，太阳能发电已经成了世界的新宠儿。有些城市的路灯头上顶着一块板子，它们白天利用光电效应将电能储存至电池中，晚上便可进行照明。可别小看这些闪闪发光的板子，目前国际空间站和中国空间站的运行电力主要来源就是它们。当前的太阳能产品类型主要有硅类、半导体化合物等，这些物质的表面能通过光电效应，将太阳辐射中的光子能量传递给电子，从而形成电流。

　　半导体材料也具有一定的光电效应，当受到光线的照射时，其电阻率会减小。利用半导体材料的这个性质，可以制备许多奇特的光电效应表面。硅、锗、硫化镉、锑化铟、硫化铅、硒化镉、硒化铅等材料在没有接受光照时，电阻可能达到几十兆欧，而表面一旦被光照，电阻值会迅速下降到几千欧。

　　硅光电池（图 7-5）是能把光能转换成电能的半导体器件，它的结构很简单，核心部分是一个大面积的二极管管芯，把一只透明玻璃外壳的点接触型二极管与一块微安表接成闭合回路，当二极管的管芯受到光照时，微安表的表针就会发生偏转，显示回路里有电流，这个现象称为光生伏打效应。这种硅光电池串联或并联组成电池组与其他种类的电池配合，可作为卫星、航标灯、无人气象站等设备的电源，也可以用于光电检测器件，如红外探测器以及光电读出、光电耦合、激光准直、电影还音相关设备的光感受器[2-4]。

图 7-5　硅光电池与太阳能板

7.1.3　奇妙的光生热

▷▷ **1.** 被遗忘的光热

　　炎热的夏天，大家都会穿上清凉的短袖或是背心，加快身体的散热，而很多人发现自己的头发成了身体上最热的部位。这是因为黑色表面会吸收包括红外线在内的所有色光，在相同时间内能比其他颜色聚集更多的辐射能量，所以温度也就上升得越快。黑色衣服在阳光下摸起来比白色衣服更热也是这个原因。光本身是没有热量的，只是物体吸收了光能，将光能转换成了内能而发热。光热和光电其实是"好兄弟"，但光热效应在吸收光辐射能量后不会引起电子状态的改变，而是把吸收的光能转换成晶格的热运动。

　　用光持续照射一面镜子，镜子本身不会明显发热，而反射的地方热量变化会更加明显，用太阳灶进行食物的烹饪便利用了这一原理。利用光电效应能使光能转化为电能，光热效应当然也行。我国甘肃敦煌有一个"超级镜子发电站"（图 7-6 左），熔盐塔式光热电站在夏季工况下能 24 小时连续发电，单日发电量可达到 180 万千瓦时。世界上这种光热塔式发电站还有许多，如印度的巴德拉太阳能公园、美国的伊万帕太阳能发电站（图 7-6 右）等，这些发电站是由许多面"追踪太阳"的定日镜和中心集热塔构成，定日镜围绕着中心集热塔呈环形分布，可以把阳光反射到塔顶的吸热器上，使塔内的介质升温，再通过热交换器将水加热成水蒸气，推动汽轮机发电。在这个过程中，光照量一定时，吸热器表面的光热效应决定了发电量的大小。苏州莱科斯新能源科技公司设计了一种新型太阳光接收器，这种接收器能够在高温下稳定运行并产生更多的热能。

图 7-6　中国敦煌的"超级镜子发电站"与世界上最大的太阳能光热塔式发电站伊万帕太阳能发电站

▷▷ **2.　碳时代**

　　碳是已知所有生命系统中不可或缺的元素，所以我们也被称为碳基生物。在人类起源时期，木炭燃起了文明进步之火；电气时代的石墨点亮了科技发展之光；信息时代的碳纤维铺设了迈向未来之路，碳材料可硬可软、可绝热可超导、可吸波可透波，可成为绝缘体的同时也是良好的半导体。在二战后，金刚石作为自然界最硬的矿物，开始被用于切割玻璃，它是由碳原子以晶体结构的形式排列，每一个碳原子与另外 4 个碳原子紧密键合形成的坚硬固体。直到 20 世纪末期，各种新型碳材料的出现让人类认识到碳的世界才刚刚被打开。碳纤维是含碳量高于 90% 的高强度、高模量新型纤维材料，是由片状石墨微晶等有机纤维沿纤维轴向方向堆砌而成的，不管是军工、航空航天、化工行业，还是日常生活中，都能见到碳纤维的身影。石墨烯为碳原子构成的单层片状结构，每层都是由六角形呈蜂巢晶格组成，这种结构赋予了石墨烯非同寻常的导电性能、机械强度和透光性。碳纳米管是由呈六边形排列的碳原子构成的数层到数十层的同轴圆管，同样拥有优异的电导率、热导率、弹性模量、抗拉强度等。其他应用较为广泛的碳材料还有富勒烯、碳气凝胶、碳纳米洋葱、线型碳、多孔碳等。零维结构到三维结构的碳材料使其能够在各个领域中大放异彩（图 7-7）。

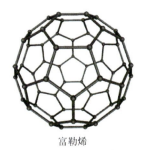

富勒烯　　　　　　　　　　碳纳米管

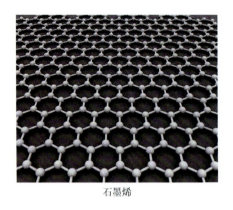
石墨烯

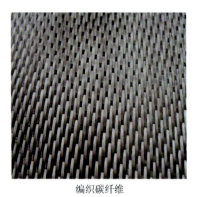
编织碳纤维

图 7-7 碳材料

碳材料的可见光吸收范围较宽，能吸收光波中绝大部分的光子，使其中的电子进行能级跃迁并释放出能量，因此利用这些碳材料构建的表面能够在光的辐照下产生一定的热能。这一特性在一些低成本、低维护的水处理技术中得到了应用，中国科学院宁波材料技术研究院的刘富团队将碳纤维改性后进行编织，得到表面粗糙的碳层，表面纤维之间的毛细管力能对液体进行自动汲取，碳纤维膜表面的光热转化能将液体蒸发，达到海水淡化和污水处理的目的。中国"文房四宝"之一的"墨"，主要成分就是碳，美国塞思·B.达林博士团队将其作为光热转化材料，制备了改性多孔碳膜，具有优异的水蒸发效率。

光热表面在防冰领域也备受瞩目（4.2.2 节中提及）。重庆大学王宏团队通过电化学沉积和硅烷化处理方法，以碳材料的黑体特性和纳米结构为基础，制备了具有光热效应的高效超疏水除冰表面。此外，碳化改性后的碳纤维的光热转化效率可达到 92.5%，风力发电机叶片的防冰 / 除冰实验和冰 / 霜层融化实验已验证了该表面实际应用的可行性。

7.1.4 超表面

地球上已知的物质都是由微观原子构成的，这些原子按照一定的排列方式大量聚集起来，形成了我们所能观察或探测到的物体。而我们能设计出小于波长的人工原子，将这些人工原子按照我们所需的结构，构成一些超出自然界结构范畴的材料。2013 年，美国国防部公布的六大颠覆性基础技术中，超材料技术位列榜首，超表面（图 7-8）就是这种厚度小于波长的超材料的二维对应。

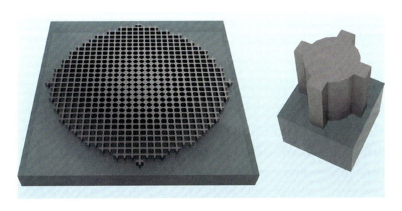

图 7-8　超表面的结构

▶▶ **1. 隐身衣**

　　早在 1965 年，苏联的维克托·韦谢拉戈提出了"左手介质负折射"材料的物理猜想。初中物理课本告诉我们，一束光线通过常见的玻璃、空气、水等透明物质时，其入射和折射光线位于法线不同侧，而光通过负折射材料时，入射和折射光线位于法线同侧。这一现象的发现，让许多研究人员拍案叫绝，掀起了研制光学隐身衣的热潮（图 7-9）。2006 年，约翰·彭德里和戴维·R. 史密斯设计出了世界上第一款隐身衣，这可不是吸波的隐身衣，而是像《哈利·波特》里那种肉眼看不到的隐身衣。但这种隐身衣最大的问题是从一个固定方向观察才能存在隐身效果，如果在其他方向观察，就会发现被隐身衣覆盖的物体，不过这种超表面的隐身效果已经足以惊艳世人。

图 7-9　光学隐身衣

▶▶ **2.** 电磁黑洞

黑洞，是指空间曲率大到光都无法从其事件视界逃脱的天体。既然光都逃不出，电磁就更别想逃出黑洞的手掌心了，但这种空间曲率极大的黑洞可不是人类在现阶段能够制造出的。东南大学程强与崔铁军两位教授在 2009 年设计了一种能够完全吸收特定波长电磁波的电磁黑洞，它其实就是一种超表面。这种电磁黑洞不仅能用在军事领域，在民用产品中也拥有巨大潜力。现在普通太阳能电板对光的利用率在 10% ～ 30%，而电磁黑洞如果能完全吸收太阳辐射波长范围内的电磁波，并将其转换成电能，那么真正的有光就有电的时代将会来临。幻想一下未来电磁黑洞如果在人类生活中普及，那么电器照照太阳就能工作，只要太阳不消失，电能将会用之不竭（图 7-10）。

图 7-10　电磁黑洞示意图

▶▶ **3.** 身临其境

虚拟现实（VR）和增强现实技术已经逐渐走进我们的生活，在商场随处可见的 5D 电影、VR 游戏等就运用了虚拟现实技术。但玩过或者看过这些游戏和电影的人都有一个感觉：不够真实！传统的成像系统为了解决色差问题，会将多个不同厚度和材质的镜片叠在一起，如果再减小镜片厚度，就会导致图像失真甚至模糊，这也是生产显微镜和长焦镜头的厂家会把镜头做大的原因之一。想真正做到与现实无异，还得是"超表面"出马。超表面能利用纳米结构对单个单元的折射光线进行调控，并减少色差与光线畸变，让镜头镜片产品变得更小、更薄、更清晰。北京亮亮视野与中国多所高校合作，以超表面技术为基础，开发了体验

更加逼真的 VR 眼镜。不过以超表面为基础的 VR 技术成像质量还达不到身临其境的效果。相信在不久的将来，超表面能让我们足不出户便可欣赏世界各地美景，体验鸟儿自由地翱翔在蓝天的感觉，能够进行更加真实的异地社交和工作（图 7-11）。

▶▶ **④. 寂静无声**

你是否想拥有一个屏蔽一切声音的耳罩呢（图 7-12）？它能够帮助我们在噪声环境下高效率地工作，也能让我们睡得更香。香港科技大学沈平团队在 2000 年首次提出了声学超材料的概念，并设计实现了晶格常数比波长小两个数量级的声子晶体，该晶体表现出传统材料不具备的负等效质量密度、负等效弹性模量等超常物理特性，可以实现超强的低频吸声 / 隔声、减振 / 隔振等功能。科学家们提出用球形贝塞尔函数系展开的方法解

图 7-12　杜绝嘈杂声音的耳罩

决声散射问题，并设计出一种声学隐身斗篷。为了解决隐身材料对参数要求过高

的难题，科学家们还通过引入声学传输线理论设计了一种二维的圆柱形声学斗篷，实现了宽频段的超声波隐身。此外，Zigoneanu 教授团队设计并实现了一种近乎完美的三维、宽频带、全方位地毯式声学隐身斗篷。而未来声学超表面将在高清超声医疗成像、水中舰艇声呐隐身、城市噪声污染有效控制等方面发挥重要作用。

▷ 5. 十八般武艺

有没有比金刚石更硬的物质，有没有热缩冷胀的物质，有没有越压缩体积越大的物质？有！力学超材料（或称机械超材料）能将这三种特性结合在一起。力学超材料的内部结构是人工排列的几何构型单元（图 7-13），可以通过合理设计结构布局实现超刚性、拉伸性、负热膨胀和负压缩性等力学性能。美国弗吉尼亚理工大学郑小雨研究团队设计了一种金属基质的力学超材料，其兼具高强度和超低密度，以及超高的压缩和拉伸性能，设计尺度可以跨越 7 个量级，在光子器件、能量存储和转换、生物医学及电子设备等领域具有巨大的应用潜力。

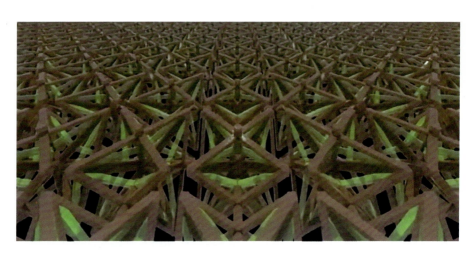

图 7-13 超表面的微观结构

▷ 6. 超表面的未来

超表面能不能为我们创造一个全新的世界目前还不得而知，但它也许能带来更多神奇的表面特性。1992 年，尼尔·史蒂芬森在《雪崩》中描绘了一个庞大的虚拟现实世界，人类操控着虚拟世界中的数字化人物，并提高这些数字化人物在虚拟世界的社会地位，这也是"元宇宙"概念首次被提出。元宇宙的构建除了需要融合物理现实和数字虚拟，也需要让人类感受到这种通过数字传导的虚拟场景，而视觉就是感受这种虚拟场景最重要的感官。前面介绍了利用超表面制备的 VR 眼镜，但其现在还远达不到元宇宙的要求，我们需要更进一步去研究超表面完美成像的能力。

麦克斯韦方程组的提出使得人类对电磁波的掌控能力有了飞速提升，但受限于材料自身的电磁参数，人类对电磁波的控制力仅局限于发射装置和接收装置之间。而超表面在未来有机会突破传统无线通信的约束，带来一种全新的移动通信网络。这类超表面通常由大量精心设计的电磁单元排列组成。通过给电磁单元上的可调元件施加控制信号，超表面可以动态地控制这些单元的电磁性质，进而实现以可编程的方式对空间电磁波进行主动的智能调控，形成相位、幅度、极化和频率可控的电磁场。

超表面同样与人类的医疗、健康密不可分，生物传感器能够用于各类疾病检测、身体机能监测等，把生物识别事件通过电子光学信号的变化显示出来。厦门大学朱锦峰团队将超表面应用在光学生物传感器上，其拥有特异性高、灵敏度高、体积小、性价比高等特点。假如存在一种超表面生物传感器，只需要粘贴到皮肤上，就能感知身体异常而改变颜色，比如身体内有炎症时显现红色、血压偏高时显现蓝色、血糖偏高时则显现绿色等，这样就能及时地摄入药物或采取其他医疗手段。不仅如此，超表面生物传感器还有速度快、高通量检测等优点，对于化学反应、环境监测、食品卫生检验中的各类小分子检测也能表现出不同波长的光源[5-11]。

7.2 表面驱动未来

现代科学技术的重大科学发现集中在 20 世纪初叶，基础科学的发展已经"沉寂"了数十年之久，但 21 世纪的我们仍在经历技术大爆炸，人工智能、云计算、先进材料、新能源、量子技术、太空探索、物联网、虚拟现实等前沿科学正在蓬勃发展，但谁也不知道未来是什么样子。阿瑟·克拉克在《太空漫游》四部曲中讲述了 3001 年甚至 20001 年后的地球危机，艾萨克·阿西莫夫在《银河帝国》中描绘了人类在未来两万年里，创造了一个疆域横跨十万光年、总人口达兆亿的庞大帝国。这些都是来自科幻作家们的想象，但如果我们放眼未来，这些也有可能成为现实。要知道从胶卷到数码相机，再到智能手机附带照相机的普及还不到 200 年，人类从第一次飞上蓝天到载人登月只有 66 年，从第一次拍摄到"马赛克"覆盖的冥王星照片和获得超高清冥王星图像仅用了 24 年，这种技术发展速度不可预测，也令人惊讶，而这些发展没有哪一个能离开表面技术的进步。

　　表面的神奇程度决定了世界的走向，小小类囊体表面的催化能力使人类能够生存在地球上；隔热、耐腐蚀表面的发展，让人类能坐上宇宙飞船离开地球，探索星辰大海的奥秘。下一步我们该往哪走，可以问问"表面"，看看它发展到哪一步了。我们多久能穿上免洗的衣服，又或是不用担心雾气影响视线的问题；多久能探索太阳内部的奥秘，又或是在严寒天气下仍然保持舒适；多久能拥有哈利·波特的隐身斗篷，又或是将光完全转换成源源不断的能量。

　　这本书已经接近尾声，前面提及的所有表面，有些我们可能一生都难以触及，有些我们可能随处可见，但它们始终陪伴着我们，一边推动着自然界的变化，一边又带领我们走向更美好的未来。所以，当你合上这本书后，希望你能为这些"神奇的表面"鼓掌，因为它们值得人类的赞颂！

参 考 文 献

[1] Zheng T T，Zhang M L，Wu L H，et al. Upcycling CO_2 into energy-rich long-chain compounds via electrochemical and metabolic engineering. Nature Catalysis，2022，5：388-396.

[2] Wang F，Liu M J，Liu C，et al. Light-induced charged slippery surfaces. Science Advances，2022，8（27）：9369.

[3] Huang Q Q，Wang G H，Zhou M，et al. Metamaterial electromagnetic wave absorbers and devices：design and 3D microarchitecture. Journal of Materials Science & Technology，2022，108：90-101.

[4] 郭阳，杜硕，胡莎，等.电磁超材料研究进展及应用现状.真空科学与技术学报，2022，42（9）：641-653.

[5] Qiu C W，Zhang T，Hu G W，et al. Quo vadis，metasurfaces?. Nano Letters，2021，21（13）：5461-5474.

[6] 房欣宇，朱泳庚，赖梓扬，等.低复杂度时空调制超表面设计方法与应用.电波科学学报，2022，37（6）：992-999.

[7] Ali Khan S，Khan N Z，Xie Y N，et al. Optical sensing by metamaterials and metasurfaces：from physics to biomolecule detection. Advanced Optical Materials，2022，10（18）：2200500.

[8] 马红兵，张平，杨帆，等.智能超表面技术展望与思考.中兴通讯技术，2022，28（3）：70-77.

[9] 欧阳华江，周鑫，龚柯梦，等.主动式声学超表面研究及其控制系统设计.大连理工大学学报，2022，62（5）：441-453.

[10] 柯俊臣，梁竟程，程强.智能超表面的设计及应用.中兴通讯技术，2022，28（3）：20-26.

[11] 胡小玲，于周源，钱骁伟，等.智能超表面系统的通信感知一体化：现状、设计与展望.电信科学，2022，38（9）：36-49.